AF355882

STATISTIQUE

DES

ANIMAUX DOMESTIQUES.

ESPÈCE BOVINE.

Taureau de la race du Coteau, âgé de 23 mois, né et élevé à Montignac de Lauzun.

STATISTIQUE

DES

ANIMAUX DOMESTIQUES.

ESPÈCE BOVINE.

PAR M. BAREYRE,

Médecin-Vétérinaire du département.

AGEN,

IMPRIMERIE DE PROSPER NOUBEL

1844.

STATISTIQUE

DES

ANIMAUX DOMESTIQUES

DU DÉPARTEMENT DE LOT-ET-GARONNE.

ESPÈCE BOVINE.

Parmi les espèces domestiques élevées dans ce département, l'espèce bovine est la plus nombreuse et la plus nécessaire ; c'est aussi celle qui rend le plus de services à l'industrie agricole.

Le bœuf est utile pendant sa vie ; il est encore utile après sa mort : il exige, en général, peu de soins : sa multiplicité hautement réclamée doit fixer l'attention des hommes éminents que leur position de fortune permet de s'occuper activement de la prospérité agricole de leur pays.

La quantité des bovinées s'élève, dans le département, à 129,973 ; — dans ce nombre sont compris les bœufs et les vaches de travail, les vaches laitières, les animaux d'engrais et ceux de venue.

Au premier aperçu, cette quantité de bestiaux peut paraître considérable ; mais si l'on jette un regard sur les besoins de notre agriculture, la nécessité de changer nos assolements, la nature et la division de nos terres, leurs produits et la consommation toujours croissante de la viande, on sent l'urgence de porter bien plus haut le chiffre des grands ruminants ; car le revenu de la propriété est toujours relatif au plus ou moins grand nombre d'animaux : Le cultivateur qui veut obtenir de son exploitation le plus grand rapport, doit augmenter le nombre des bestiaux de travail et surtout les animaux d'élève ; il doit assoler en prairies temporaires un bon tiers de ses terres, si ce n'est la moitié.

Des *fourrages*, des *bestiaux*, des *engrais*, tels sont les éléments d'une agriculture riche et florissante : c'est l'agriculture anglaise ; c'est l'agriculture du nord de la France.

État des races.

La race des grands ruminants de Lot-et-Garonne est une des plus belles de France ; et cependant, elle se ressent encore peut-être de l'influence de la chétivité des bestiaux introduits dans nos contrées, après la mortalité générale, occasionnée par l'épizootie de 1774-1775, époque calamiteuse, où presque tous les animaux périrent. (1)

(1) Après la cessation du fléau qui fut combattu par Vicq d'Azir, les cultivateurs de Lot-et-Garonne allèrent dans le Périgord acheter des bestiaux chétifs, ne pouvant pas, faute de moyens, en acquérir de beaux et de bons.

Il faut de la persévérance, des soins, des appareillements bien suivis et une riche alimentation pour relever une race dont les types ont presque tous disparu.

L'espéce bovine offre trois *sous-races* bien distinctes dans notre département ; peut-être quatre.

1° La race garonnaise : elle habite les contrées dont elle prend le nom ;

2° La race du coteau : elle se trouve dans la haute plaine et sur les coteaux ;

3° La race des Landes : elle peuple les régions sablonneuses de l'arrondissement de Nérac ;

4° Enfin, la race métis des environs de Nérac, de Moncrabeau , etc.

La première race, *celle de Garonne*, que l'on rencontre plus particulièrement sur les bords de ce fleuve, la plus grande des quatre sous-races est peut-être la moins estimée ; elle est, en général, défectueuse : tête longue, un peu busquée , poitrine trop étroite , haute sur jambes, genoux rentrants en dedans, souvent jartière, cuisse haut fendue et plate , hanche saillante , onglons grands, écartés , corne des pieds molle, taille élevée ; poil le plus communément alezan clair (rouge-froment.)

Remarquables par leur haute stature, qui dépasse quelquefois un mètre 700 milli., les bœufs de cette race ne sont pas de très bons travailleurs ; ils se fatiguent assez facilement et n'opposent pas une grande résistance au labour, au charroi ; mais comme ils agissent par leur masse, ils traînent de très lourds

Justin. Cette importation est moins grande aujourd'hui qu'autrefois.

Dans les environs de Houeillès, de jeunes vaches vivent, par troupeaux, à l'état demi-sauvage ; elles sont vendues, le 22 juillet, à la foire de cette ville, et lorsqu'on veut les arracher à leur liberté pour les exporter dans les départements voisins, elles se défendent avec courage ; de là naissent des combats qui ne sont pas toujours sans danger pour le Landais.

Si ces vaches, non employées aux travaux agricoles, après avoir été soumises à la domesticité, réunissaient les qualités des bonnes vaches laitières, elles pourraient être avantageusement utilisées, dans cette contrée, à l'établissement de quelques laiteries.

La quatrième, *Race métis*. Dans les environs de Nérac, de Moncrabeau, etc., l'espèce bovine tient et de la race du côteau et de celle du Bazadais Cette race est sobre, bonne travailleuse ; le poil est quelquefois nuancé de brun. Du reste, elle a beaucoup de similitude avec celle du coteau

La couleur du bœuf varie depuis le rouge de sang jusqu'à l'alezan très clair. La nuance rouge froment est la plus estimée; les crins de la queue, le mufle, le tour des yeux, du sabot, sont quelquefois noirs. Dans l'arrondissement de Nérac, la couleur brune est recherchée ; elle est repoussée dans le canton de Castillonnés et dans presque tout l'arrondissement de Villeneuve.

Les trois premières sous races dont je viens de parler ont des caractères assez distincts pour être facilement reconnues par la personne qui a eu occasion de les étudier.

L'alimentation et les soins particuliers sont-ils la cause première des caractères différentiels de ces races ?

La riveraine a des pacages fertiles, abondants ; à l'étable, des fourrages verts à discrétion, et tous les jours un pansage régulièrement fait.

La deuxième race, celle du coteau, a des pâturages et des fourrages moins succulents, mais plus substantiels, moins aqueux, plus alibiles ; cette race est généralement moins bien soignée. Ces circonstances sont-elles la raison probable de sa taille moins élevée? Dans cette race comme dans celle de Garonne, le bœuf est ménagé, la vache sacrifiée ; c'est trop souvent le tour de celle-ci d'aller au travail.

La race des Landes est placée dans des conditions si peu favorables qu'on ne doit pas être étonné de la voir chétive : elle a des pâturages arides, une nourriture très médiocre et des eaux de mauvaise qualité ; elle reçoit aux charrois où les bœufs seuls sont employés, et quelquefois à l'étable de la main du bouvier, les aliments par bouchée : c'est de la paille de seigle, de mil à laquelle on mêle des tiges de maïs, du foin, des fourrages verts ; quelquefois du son et du sel de cuisine. *Appâturer* est l'expression usitée dans l'endroit pour désigner ce mode d'alimentation.

Depuis quelques années, des primes d'encouragement sont accordées par la Société d'Agriculture d'Agen aux propriétaires des Landes qui cultivent les plantes et les racines fourragères : l'introduction de leur culture, dans ces localités, doit procurer une meilleure et plus abondante alimentation à la race bovine, et nécessairement un plus grand développement.

Une alimentation supérieure par ses principes alibiles aux besoins assimilateurs de l'animal pousse indubitablement au développement et amende les formes; mais si elle est inférieure par ses qualités nutritives à la nourriture qui lui est nécessaire, incontestablement il doit se détériorer.

En d'autres termes, une alimentation riche, abondante, amende les races; une nourriture médiocre, insuffisante, les laisse se dégrader.

Pendant cinq à six mois de l'année, le bœuf de l'Agenais reçoit journellement de la paille à discrétion, quatre à cinq kilog. de foin ou de produits des prairies temporaires, et parfois, une faible ration de son.

Durant les six autres mois, la nourriture est verte et non rationnée ; elle se compose du pacage en liberté, de sainfoin, de trèfle, de luzerne, de maïs fourrage, de carrottes, de raves, de betteraves, de jarousses, de seigle, etc., donnés à l'étable.

Dans les temps de disette, on a recours aux pommes de terre, aux tiges de haricots, aux feuilles d'ormeaux, de vignes, aux jeunes pousses de saule : celles-ci, de même que les feuilles d'ormeaux, tonifient l'estomac, facilitent la digestion et donnent de l'embonpoint ; mais les feuilles de vigne ne sont point salutaires ; elles occasionnent presque toujours une diarrhée ou une affection tégumentaire. Le marc de raisin peut être aussi avantageusement utilisé.

Le maïs, le trèfle de Hollande (farouch), la betterave, sont des aliments par excellence pour l'espèce bovine. Les raves, les betteraves sont de précieuses ressources d'hiver. La betterave, dont le crédit a un peu baissé parce qu'elle a été considérée injustement comme plante épuisante, est un précieux aliment bien difficile à remplacer pour la nourriture des bovinées. L'introduction de cette racine dans un assolement donnerait des avantages immenses ; il serait possible alors d'alimenter un plus grand nombre de bestiaux et de les maintenir en bon état. Dans le moment actuel, ils maigrissent pendant l'hiver. Vendus après les semailles, faute de ne pouvoir les nourrir, les bœufs sont rachetés à un prix plus élevé à l'époque de l'ouverture des travaux du printemps. La nourriture verte convient mieux aux bestiaux que l'autre, elle leur donne de l'embonpoint et tous les attributs de la santé ; mais aussi quelquefois, elle est pernicieuse ; les indigestions sont plus fréquentes et plus fâcheuses ; certaines précautions sont indiquées durant cette alimentation : l'animal ne va au pacage qu'après la disparition de la rosée ; les fourrages sont présentés un peu fanés ou mélangés avec des aliments secs, et dans aucun cas, ils ne doivent être ni mouillés, ni humides.

Le propriétaire qui ajoute à la nourriture d'hiver quelque faible ration d'aliments verts conserve ses bestiaux en bon état d'embonpoint et de santé : le chou cavalier, le chou frisé notamment, la betterave, cultivés à cet effet, lui donnent les moyens d'atteindre ce but.

On doit regretter que la cherté du chlorure de sodium (1) prive l'agriculteur d'en donner à ses bestiaux ; ce sel a une grande influence sur la santé de la bête bovine et sur son bon état de chair.

L'eau dont les bestiaux sont abreuvés ne réunit pas toujours les qualités désirables. Trop souvent, elle est croupissante, bourbeuse et contient des substances végéto-animales en décomposition. L'eau claire, limpide, courante, de rivière, de ruisseau, l'eau de fontaine, de puits, est plus digestive et plus salutaire que celle des mares, des étangs : quelques animaux préfèrent cette dernière ; c'est qu'elle est ordinairement sapide et satisfait le goût de l'animal pour les choses salées.

L'eau des Landes est rarement bonne, et pendant les fortes chaleurs, elle manque ou elle devient impotable ; dans ce dernier cas, pour lui donner sa qualité première, on doit lui faire traverser une ou deux fois une couche de charbon de bois.

Travail. Age auquel l'animal est dompté. Les labours, les transports de terres, de fumiers, de denrées, tous les travaux des champs sont effectués par l'espèce bovine ; le cheval n'est utilisé dans l'exploitation que d'une manière accidentelle ; parfois, il est employé à herser, à dépiquer ; mais le

(1) Sel de cuisine.

plus ordinairement, il sert de monture ou à traîner.

Le jeune bœuf reçoit le joug de dix-huit à vingt mois ; c'est trop tôt ; le travail, à cet âge, épuise ses forces, énerve son corps et arrête son développement ; il reste quelquefois chétif lorsqu'il pourrait devenir un beau bœuf. Peut-être aussi est-on obligé d'en agir ainsi : Jeune, l'animal a moins d'énergie , de volonté, il est moins enclin à la méchanceté ; plus âgé, il offrirait quelque résistance au joug qu'on lui impose : Eh bien ! qu'il soit dompté jeune ; mais que les premiers travaux ne soient qu'un léger exercice ; mieux vaudrait cependant attendre à deux ans , époque de la vie où le jeune animal a acquis une bonne partie de son développement.

La jeune vache est domptée un peu plus tard , et on exige d'elle un déploiement moins considérable de forces

Les travaux les plus rudes , les plus lourds fardeaux appartiennent au bœuf ; la vache est susceptible de moins d'efforts ; au labourage , aux charrois , elle va plus vite.

Le travail se fait , dans les journées longues , le matin jusqu'à onze heures , midi ; il est repris quelquefois le soir ; mais le plus ordinairement , c'est dans la matinée ; quelquefois aussi, pour profiter de l'opportunité du temps, ils travaillent toute la journée.

Un sillon trop long est nuisible à l'animal qui le trace ; plus court, il se délasse aux deux extrémités, car il y a toujours un temps d'arrêt. Les Romains , je crois , avaient limité la longueur du sillon.

Les vaches rendent généralement les mêmes services que les bœufs ; il y a donc avantage à avoir des vaches, puisqu'elles donnent des produits, qu'elles exigent moins de soins , coûtent moins d'entretien , et ont , en général , un meilleur tempérament.

Dans beaucoup de localités, les bœufs et les vaches sont employés à dépiquer les céréales ; ce travail est d'autant plus fatigant qu'il a lieu dans le temps de la canicule et qu'il exige une allure plus rapide.

Le bœuf est toujours attelé par les cornes et fixé à son voisin par un joug très simple : (1) N'y aurait-il pas avantage à le faire traîner au collier ? C'est une question agitée depuis bien du temps , et qui mérite d'être résolue : si les cornes sont un obstacle , l'amputation entraîne rarement des accidents.

Le *traînage* au collier laisse plus de liberté que celui au joug ; il permet un plus grand concours de forces ; l'animal va plus vite ; il est vrai que les harnais , pour l'attelage au collier , occasionnent plus de frais que le joug , et dans les descentes , il est moins facile de retenir la charrette; mais ne pourrait-on pas remédier à ces inconvénients ?

Logement. Influence de quelques habitudes. Les logements destinés aux bestiaux sont généralement mal construits , mal aérés ; la disposition des ouvertures vicieuse , le plafond trop peu élevé ; le sol intérieur plus bas que celui du dehors ; l'air bien-

(1) Le joug dont on se sert actuellement demande quelque amélioration. L'expérience apprendra plus tard les changements à opérer dans la manière d'unir les bœufs sans trop les gêner.

tôt rarefié se vicie par les émanations du corps et des fumiers dont les étables sont toujours encombrées.

Exposés subitement à une atmosphère dont la température est beaucoup plus basse, les animaux éprouvent à la sortie de l'étable une impression fâcheuse d'air froid qui dérange les sécrétions tégumentaires, détruit l'équilibre des fonctions; d'où naissent des maladies quelquefois fort graves.

Une disposition heureuse dans les ouvertures placées aux extrémités de l'étable et vis-à-vis le trottoir permettrait sans cesse que l'air se renouvellât sans qu'il vînt frapper directement le corps des animaux : on aurait l'avantage de renouveller l'air intérieur sans avoir les inconvénients des courants.

Une température basse est toujours moins nuisible qu'une température élevée, surtout lorsque celle-ci est humide.

Les planchers sur lesquels reposent les subtances alimentaires présentent souvent, pour ne pas dire toujours, des fissures plus ou moins grandes à travers lesquelles passent les émanations malsaines des animaux et des fumiers. Aussi ces aliments sont-ils imprégnés de gaz méphitiques qui les rendent désagréables au goût et insalubres à l'animal qui s'en nourrit.

Généralement, l'espace manque, dans notre département, pour loger convenablement et sainement les substances alimentaires. Il en est de même de quelques autres produits et des divers instruments nécessaires à l'exploitation de la propriété.

La demi pendaison que prend la bête à corne par l'appui des pieds de devant sur la marche qui longe la crèche, fatigue les membres de derière et fausse les aplombs. La masse intestinale est poussée vers les régions postérieures ; la matrice et son produit sont refoulés vers la cavité pelvienne. N'y a-t-il pas là des causes incessantes de claudication, de mises-bas avant terme, de renversements de vagin et d'utérus ? Il serait plus convenable de donner au sol de l'étable un plan légèrement incliné ; on éviterait bien des accidents.

Placer des peaux de mouton sur le cou et la tête du bœuf lorsqu'il est au labour ou au charroi, des couvertures en toile sur le corps ; les retirer lorsqu'il rentre alors que la transpiration cutanée n'est plus excitée, est un usage pernicieux. Très-souvent la peau humide de sueur éprouve par le contact de l'air froid une crispation qui suspend l'exhalation cutanée d'où surgissent des maladies graves, des pneumonites, des entérites, des coriza, etc ; il vaudrait mieux, il serait plus salutaire de bouchonner l'animal et d'abriter son corps au retour du travail, une température douce règnerait sur toute l'habitude du corps et peu à peu l'animal reprendrait son état normal.

L'usage d'amputer les cornes frontales à titre d'ornement donne lieu quelquefois à l'inflammation de la muqueuse des sinus et du nez dont la terminaison, il est vrai, est rarement dangereuse ; néanmoins, l'animal est placé dans la situation fâcheuse de ne pas être utilisé durant quelques jours.

Encore un usage que la saine raison condamne et dont le bon sens fera tôt ou tard justice. La saignée pratiquée sans nécessité, au printemps, lorsque l'animal a éprouvé des privations hivernales, que le corps est amaigri, émacié et sans forces, peut s'opposer au développement des maladies inflammatoires toujours plus fréquentes dans cette saison ; elle peut aussi hâter l'engraissement en favorisant les forces d'assimilation ; mais bien certainement cette émission sanguine énerve l'animal, diminue les forces musculaires dont il a un besoin d'autant plus urgent qu'il a souffert davantage et qu'il va être employé aux premiers et rudes travaux de la saison. On devrait être plus avare de cette opération toute d'habitude et ne l'appliquer que lorsqu'il y a urgence bien reconnue.

Veau. Veau
Castration.

On ne se livre pas assez à l'élève des bestiaux, et cependant une grange bien pourvue est toujours un indice certain de prospérité de la propriété rurale.

Le veau est sevré de trois à cinq mois, livré à cet âge à la boucherie ou conservé pour la propagation de l'espèce ; mais dans ce dernier cas, il tète ordinairement plus long-temps.

Il y a perte à vendre le veau trop jeune, il y a avantage à le garder : le veau que la mère alimente de son lait augmente d'une valeur de 80 centimes par jour jusqu'à l'âge de trois mois : de 60 centimes de trois à six mois ; d'un an à deux ans, il double de prix.

Conduit à la boucherie, le veau est rarement gras ; on prend peu de soin pour l'engraisser : quelquefois il tète deux vaches ou il reçoit de la farine de seigle, des vesces, des fèves macerées : la farine de froment, quelques œufs, du pain de lin, le maceratum de betteraves en boisson, l'infusum du foin lui donneraient un embonpoint plus considérable et plus complet. Toutes les vaches nourrices dont le lait contient beaucoup de beurre ont leurs veaux gras ; celles dont le lait est caséeux les ont maigres ; il est donc très-important de choisir pour vaches portières, celles qui réunissent le qualités d'une lactation butireuse.

Les velles s'engraissent plus facilement que les veaux ; elles ont aussi la chair plus fine, meilleure et plus délicate.

Le choix des veaux à conserver n'est pas indifférent, soit qu'on les livre bien plus tard à la consommation, soit qu'on les destine à perpétuer la race : de ce choix peuvent dépendre les belles qualités de l'espèce, tout son avenir : on doit préférer ceux qui naissent au printemps ; l'alimentation plus considérable, à cette époque, donne à la mère un lait plus abondant, plus nourrissant ; le veau est plus robuste, il acquiert plus de développement ; les jeunes velles appelées à devenir vaches portières, doivent être de préférence gardées ; elles contribuent au maintien, à l'amélioration de la race lorsqu'elles réunissent à la régularité des formes une taille élevée. On doit faire choix des veaux qui offrent les caractères de la race du côteau dont le corps est long et la croissance prompte, le dos et les reins droits, les épaules obliques, les membres d'aplomb et pas trop volumineux, les onglons courts, la tête courte, le mufle légèrement arrondi, la croupe large et la cuisse ronde, les cornillons courts et gros à leur base, le tronçon de la queue fin, et les marques bien distinctes de la vache laitière décrites par M Guenon.

Ces veaux destinés à la propagation de l'espèce et à l'amélioration de la race doivent sucer le lait de la mère aussi long-temps que possible et recevoir en outre une bonne alimentation, car une nourriture riche en principes abililes exerce une puissance immense sur le développement des jeunes animaux : employés plus tard comme reproducteurs, le mâle ne doit saillir qu'à l'âge de 15 à 16 mois, et la génisse ne sera couverte qu'à 30 ou 36 mois.

Bistourné jeune, le taureau devient plus beau bœuf que celui chatré à un âge plus avancé ; celui-ci a des formes plus athlétiques, les régions antérieures bien développées ; mais le derrière médiocre ; celui-là a le devant, le cou, les épaules moins fournis, mais la croupe, les reins, les cuisses plus charnus, plus massifs : peut-être aussi acquiert-il plus de taille ? on devrait chatrer jeune l'animal qui n'est point destiné à la reproduction et garder jusqu'à 15 mois sans contact avec la femelle celui qui est appelé à la propagation de l'espèce et à l'amélioration de la race : Pour l'une et pour l'autre, il y aurait des amendements considérables.

J'ai la conviction que châtrés à trois ou quatre mois, les veaux acquerraient plus de développement et deviendraient de plus beaux bœufs.

La division de la propriété peut avoir augmenté le nombre des bestiaux de travail; mais elle a diminué les animaux de rente. Telle propriété qui avait trois à quatre paires de labourage et sept à huit animaux de venue, divisée en trois ou quatre lots, peut bien avoir six ou sept attelages; mais elle nourrit bien moins d'élèves; les prairies naturelles sont, en grande partie, détruites; et la faible étendue de la nouvelle exploitation ne permet pas toujours de faire des fourrages. La trop grande division de la propriété est donc un obstacle à l'élève des bovinées et aux progrès de la science agricole.

Amélioration.
Reproducteurs.
Primes
d'encouragement.

Ainsi que je viens de le dire, on ne se livre pas assez à l'élève des bestiaux et les appareillements faits trop souvent sans discernement donnent assez ordinairement des productions médiocres : en général, c'est un taureau trop jeune, maigre, chétif, qui couvre une belle vache; ou bien celle-ci entachée de défectuosités se trouve saillie par un beau reproducteur; cependant depuis quelques années, une amélioration se fait remarquer dans les accouplements, elle est due aux primes d'encouragement; on fait un meilleur choix du mâle.

La génisse est saillie de dix-huit mois à deux ans, et le taureau est livré à la monte de dix mois à un an; l'un et l'autre, quoique pubères, sont trop jeunes ; la génisse n'a point acquis assez de développement, et l'étalon ne jouit point du complément de ses forces pour donner aux produits les qualités d'énergie et les dimensions de belle conformation.

La génisse devrait avoir de trente à trente-six mois, et le taureau de quinze à seize mois. A cet âge, l'expérience enseigne que le mâle comme la femelle sont aptes à la copulation et transmettent à leurs descendants les qualités qui les distinguent. Les physiologistes n'adoptent pas cette opinion ; ils disent que le taureau reproducteur devrait avoir quatre ans ; mais à cet âge, outre que les formes sont peu harmonieuses, l'animal, le plus souvent, est vicieux, méchant, difficile à manier.

Du choix des reproducteurs dépend l'amélioration à laquelle nous désirons arriver ; *la taille, les belles formes, l'aptitude au travail et un facile entretien ;* mais nos races, outre les défauts que nous avons signalés, péchent encore par la plus ou moins grande disposition à s'engraisser.

L'espèce ruminante de notre département, ainsi que nous le verrons, demande du temps, des soins, une alimentation particulière pour acquérir un état complet d'engraissement.

Par un choix raisonné du mâle et de la femelle ne peut-on pas doter notre espèce bovine des dispositions à un engrais facile, économique, tout en lui conservant son énergie et son aptitude au travail.

Espérer arriver à l'obtention de deux races, l'une propre au travail, l'autre à l'engrais ; la division de

nos propriétés , le manque de pàturages, notre sys-
tème de culture s'y opposent; c'est donc une race
mixte que nous devons former.

Pour atteindre ce but, l'introduction de reproducteurs étrangers n'est pas rigoureusement nécessaire ;
un bon choix dans le taureau du coteau, dans la
vache de cette race ou dans celle de Garonne, peut
nous conduire à cette amélioration que réclament
l'état de notre agriculture et la consommation toujours croissante de viande.

Cependant, il ne serait pas sans intérêt d'intro-
duire dans la haute plaine le taureau de la race de
Durrham; allié avec la belle vache du coteau, ce reproducteur pourrait donner des produits propres au
travail et disposés à un engraisement facile.

Le taureau étalon , pris de la race du coteau, aura
les caractères suivants : tête courte, front large,
cornes frontales brèves et bien dirigées, le mufle
légèrement arrondi, le fanon pendant, drapé, poitrine large, cote ronde, dessus du corps depuis l'ori-
gine de la queue à la nuque horisontal, croupe
ample, corps long, organes génitaux moyennement
développés , marques lactifères indiquées par M.
Guenon (1); membres pas trop volumineux et tom-
bant d'aplomb, onglons courts, rapprochés, tronçon
de la queue fin, peau fine, poil court et de couleur
rouge froment.

(1) Il est très-essentiel que le taureau reproducteur présente les
caractères lactifères ; car c'est par lui que les qualités de la lactation
se transmettent le plus généralement dans la production.

Le mufle légèrement arrondi, la cuisse ronde, les membres peu volumineux, le tronçon de la queue délié, tels sont les indices d'une grande disposition à l'engraissement.

Les caractères d'une bonne vache portière se rapprochent beaucoup de ceux du taureau, seulement ils sont moins saillants. Corps étoffé, bassin large, ventre volumineux, reins amples, membres plutôt courts que longs, organes mammaires bien dessinés et présentant les signes lactifères indiqués par M. Guenon.

L'influence du mâle est bien autrement puissante que celle de la femelle sur l'amélioration ; et cette influence est d'autant plus grande que le taureau appartient à une race plus ancienne et dont les productions ne se sont jamais démenties. Les descendants d'un reproducteur se ressentent toujours de leurs aïeux ; ils héritent de leurs formes et de leurs qualités ; il est donc essentiel de fixer son choix parmi les animaux d'une grange qui auront constamment conservé leur type ; ces reproducteurs auraient-ils quelques légers défauts comparativement à d'autres dont la belle conformation serait accidentelle ?

La même remarque s'applique à la vache ; et pour celle-ci, il faut se rappeler que la taille sera élevée par la raison que les productions prennent généralement la même stature.

Jusqu'à présent, les plus beaux taureaux se sont rencontrés dans les environs de Seyches, Miramont, Tonneins, Montflanquin, Fumel, Beauville : c'est donc dans ces contrées que l'on choisira les reproducteurs (1).

La vache portière sera ménagée pendant les deux premiers mois et les deux derniers mois de la gestation ; dans ces deux derniers, comme aussi durant l'allaitement, l'alimentation sera meilleure et plus abondante.

Les primes annuelles que le département décerne ont une double influence : elles provoquent le choix de beaux reproducteurs et leur conservation jusqu'à l'époque de la saillie ; elles excitent une louable émulation et dédommagent l'éleveur de quelques avances. Pour un beau taureau primé, on en conserve quinze à vingt ; et quoiqu'il n'y ait que deux primes décernées à chaque concours, un certain nombre de reproducteurs non primés sont néanmoins livrés à la reproduction et contribuent à l'amélioration.

Quoique distribuées en temps inopportun, les primes jusqu'à ce jour ont produit de bons résultats : (2)

Les reproducteurs actuels comptent déjà , dans beaucoup de localités, leur généalogie ; on désigne leur ascendant : d'un autre côté, l'éleveur étudie mieux la belle conformation des bovinées ; et insensiblement

(1) Généralement, presque tous les taureaux primés dans les différentes concours, excepté cependant ceux de Casteljaloux, Nérac, Mézin, Houeillès, sont achetés jeunes aux environs de Tonneins, Marmande, Miramont.

(2) A l'avenir, les primes seront distribuées tous les ans, en mai. Cette époque est la plus favorable aux concours , et les taureaux primés seront livrés avec plus de fruit à la reproduction.

les individus défectueux sont remplacés par d'autres dont les formes plus harmonieuses offrent plus d'avantages sous tous les rapports.

En stimulant l'amour-propre des éleveurs, en parlant à leur intérêt, tout fait supposer que, dans quelques années, la race de Garonne sera remplacée par celle du coteau ; et que celle-ci améliorée par un meilleur choix de reproducteurs, laissera peu à désirer.

s laitières. Les vaches de nos contrées n'ont pas pour destination de fournir du lait à la consommation ; elles nourrissent bien leur veau ; mais après le sevrage leurs mamelles se flétrissent. Celles qui dans les environs des villes sont consacrées à la production de ce liquide sont importées des Pyrénées, de Bretagne, de la Gatine, petite contrée du département des Deux-Sèvres. Suivant leur taille et leurs qualités lactifères, elles donnent de six à douze et quinze litres de lait par jour. La vache indigène en donne beaucoup moins ; la secrétion laiteuse se soutient chez elle à peu près tout le temps de l'allaitement ; mais le veau cessant de téter, les mamelles ne fonctionnent plus, et la vache menagée jusqu'alors est soumise de nouveau à ses travaux habituels.

La consommation du lait est presque nulle dans la campagne ; dans les villes, elle est plus ou moins considérable : celle du beurre est très-minime ; il est servi sur nos tables comme hors d'œuvre et nullement pour l'apprêt de nos aliments : on en fait peu, mais la qualité est bonne et le prix élevé ; c'est une industrie agricole qu'il serait utile d'encourager et que n'ont pu localiser quelques tentatives.

Le beurre se vend par billes ou petites plaques de 100 à 120 grammes à vue d'œil et non au poids : les 500 grammes se vendent environ 1 franc 60 centimes ; il est vendu aussi pendant l'été une espèce de fromage sous le nom de *caillé* qu'on dit très-rafraichissant : dans le principe, ce caillé se faisait avec du lait de brebis ; aujourd'hui, il se fait aussi avec du lait de vache.

La vache laitière importée, croisée avec le reproducteur indigène, donne des productions qui héritent le plus ordinairement des qualités lactifères de la mère. La bonne vache laitière a la tête courte, petite et le mufle légèrement arrondi ; les cornes courtes, la poitrine et le ventre largement développés, le corps long près de terre, la membrure fine, les mamelles bien dessinées, les veines lactées prononcées, la peau du pis fine, farineuse, jaunâtre, et les épis bien caractérisés ; l'extrémité du tronçon de la queue furfuracé et de couleur jaunâtre ; cette vache saillie par un taureau offrant à peu près les mêmes indications, sous le rapport de qualités qui lui sont relatives, transmet à ses produits tous les attributs de la bonne vache à lait, tout en leur donnant une taille plus élevée

En utilisant la précieuse découverte de M. Guenon, on peut avoir tout à la fois des vaches laitières et des vaches de travail.

Riches en lait et sans importation de race étrangère, la ville et la campagne seront abondamment pourvues de ce liquide ; et les veaux plus généreusement nourris seront livrés gras à la boucherie.

L'alimentation a une grande influence sans doute sur la secrétion laiteuse ; mais la richesse de la nourriture n'implique pas toujours la richesse du lait ; sa qualité n'est pas toujours relative à la qualité du régime alimentaire, car elle tient aussi quelquefois à la nature lactifère de la vache. Deux vaches de même race, placées dans les mêmes conditions, recevant le même genre d'alimentation ne donnent pas toujours un lait identique. La découverte Guenon permet de distinguer cette anomalie qu'on ne saurait expliquer.

Quand la peau des mamelles en remontant vers la vulve est grasse, onctueuse, de couleur jaunâtre ainsi que l'extrémité du tronçon de la queue ; qu'il se détache de ces parties des écailles jaunâtres, le lait est le plus ordinairement butireux : quand la peau est blanchâtre, sèche, non furfuracée, le lait est séreux : les vaches de cette dernière catégorie ont toujours des veaux maigres, tandis que les premières moins pourvues quelquefois de lait ont des veaux très-gras qui se vendent toujours bien.

L'absence totale des signes découverts par M. Guenon est une présomption, si ce n'est une certitude de stérilité.

Il résulte des expériences d'un américain, M. Winn, que des vaches chatrées quelques semaines après avoir mis bas, conservaient pendant quatre à cinq ans la faculté de donner beaucoup de lait : ces essais renouvelés en France, n'ont pas été couronnés d'un plein succès.

Ainsi que je viens de le faire remarquer, la nourriture peut donc influer sur la quantité du lait, mais elle ne le donne pas toujours de bonne qualité ; néanmoins, le plus ordinairement, la qualité du lait est relative à la nature de l'alimentation. Le lait est d'autant meilleur qu'il fournit plus de beurre; c'est la partie grasse du lait qui nourrit et engraisse le veau. Pour bien apprécier la proportion butireuse, on se sert d'un crémo-mètre : le lacto-densimètre indique sa falsification par l'eau, mais ne donne nullement la quotité de la partie grasse, de la partie alibile.

Tous les aliments ne jouissent pas au même degré de la qualité lactifère. Quelques-uns peuvent bien provoquer une secrétion plus abondante de lait, sans lui donner la qualité crémeuse; d'autres excitent moins la lactation, mais ils donnent au lait tous les attributs d'une richesse butireuse, et conséquemment, la qualité nourrissante.

La chicorée fourragère, le trèfle de Hollande, le sainfoin, le bon foin, tiennent le premier rang; viennent ensuite la betterave, la luzerne, les farineux, l'infusum du foin en boisson.

Engraissement.   De six à huit ans les bœufs, de douze à treize les vaches, sont mis en chair ou engraissés pour être livrés à la consommation. Les bestiaux sont trop jeunes ; à cet âge ils n'ont pas rendu assez de services à l'agriculture pour être conduits à la boucherie : les bœufs devraient être âgés au moins de dix ans, et les vaches de quatorze ; à cette période de la vie , l'engraissement est peut-être plus facile ; la chair, du moins celle du bœuf, plus nourrissante ; les vaches portières ont donné des productions qui peuvent perpétuer l'espèce et propager la race.

Point de méthode fixe, rationnelle, pour engraisser les bovinées ; l'engraissement est lent , difficile, onéreux : pour amener le bœuf à un état d'engrais remarquable , il faut dix mois, un an , quinze mois ; le prix de revient dépasse presque toujours le prix de vente.

Les primes d'encouragement données à l'engraissement ont conduit à quelques améliorations : on a fait un meilleur choix du bœuf d'engrais , on a distingué les qualités propres à l'engraissement; une méthode d'alimentation mieux combinée et la sucession dans la nature des aliments ont été mieux étudiées. On doit regretter que le gouvernement n'ait pas persisté plus long-temps dans ce genre d'encouragement; il est très positif que nous serions arrivés à une méthode d'engraissement plus prompte et plus économique.

Deux méthodes sont suivies pour donner au grand ruminant un bon état d'engrais :

1° L'engraissement à chaud : ici les aliments ont pour véhicule l'eau chaude.

2° L'engraissement à froid : dans ce cas, l'alimentation, quoique cuite, ramolie ou divisée par l'eau chaude, est toujours présentée froide

La première méthode, moins onéreuse, exige moins de temps pour la formation de la graisse ; mais l'engraissement est défectueux, incomplet ; la graisse est fluide, extérieure, sous la peau, dans le tissu sous-cutané ; mais l'intérieur, le tour des reins, l'épiploon sont peu garnis. Ce mode d'engraissement, heureusement le moins suivi, est mauvais, fallacieux ; le boucher connaisseur s'y laisse rarement prendre. S'il est trompé, c'est avec défiance qu'il achète au même engraisseur.

La farine de seigle, les fèves, l'eau chaude, ont le triste privilége de donner ce genre d'engraissement que les bouchers appellent *fleuri*.

L'engraissement à froid est préférable sous tous les rapports : la graisse est également répartie à l'intérieur et à l'extérieur ; elle est ferme, consistante ; elle occupe le tour des reins, l'épiploon, le mesentère, l e tissu souscutané, les interstices musculaires, les chairs sont marbrées. Dans ce mode d'engraissement, les aliments sont toujours donnés froids. Cuits, ramolis ou divisés par l'eau chaude, ils ne sont présentés qu'après avoir perdu tout le calorique.

La nuance de la graisse n'est pas toujours la même : quelquefois elle est jaune, le plus souvent blanchâtre. A quoi tient cette différence dans la cou-

leur (1)? Pour arriver à un bon engraissement, on
doit d'abord faire choix de l'animal que l'on veut engraisser ; toutes les races ne sont pas aptes à acquérir
un état d'engrais parfait. La race du côteau s'engraisse mieux et plus vite que celle de Garonne, et
parmi les bœufs de la première race on doit choisir
ceux dont la tête est petite et le mufle légèrement
arrondi, le cornage bref, la poitrine et le ventre largement développés, la cuisse basse, arrondie, la membrure un peu grêle, et le tronçon de la queue fin.

Soumis à l'engrais, le bœuf, si la saison est oppor-
tune, est envoyé au pacage ; à l'étable, il reçoit du
foin, des épis de maïs-fourrage grainé, des feuilles
d'ormeaux mêlées à quelques farineux. Les feuilles
d'ormeaux forment une bonne alimentation d'engrais ; elles activent la digestion et poussent à la
graisse ; on le nourrit plus tard avec des tourteaux
de lin ou de noix divisés par l'eau chaude, mais
toujours présentés froids. Vers la fin de l'engraissement, ces tourteaux sont donnés secs et par petits
morceaux ; dans tous les cas, la ration est toujours
petite et souvent renouvelée (2).

(1) Grognier donne une explication à cette différence de couleur de
a graisse ; ses raisons ne me paraissent pas concluantes.

(2) Je n'ai pas cru devoir préciser la ration à donner par jour au
bœuf à l'engrais, parce que cette ration varie suivant la nature des aliments, leur degré de condition engraissante, la taille de l'animal, sa
plus ou moins grande disposition à l'engraissement, et l'époque plus
ou moins avancée de l'engrais. Toujours est-il que lorsque l'animal di-
gère bien et que l'engraissement tire à sa fin, on doit lui donner à
manger autant qu'il le désire. Quelques personnes disent qu'il doit
faire trois repas ; d'autres, seulement deux.

Le bœuf ordinaire et en bon état de chair ne donne le plus communément que 350 kilog. de viande, 40 kilog. de suif, et le poids du cuir ne dépasse guère 45 kilog.

Du reste, ces proportions quantitatives varient suivant la race du bœuf, sa taille et son degré d'engraissement.

Le commerce des bovinées, dans ce département, est considérable ; il est d'intérieur et d'exportation : le premier est bien plus étendu que le second. Peu de granges, dans le courant de l'année, ne renouvellent pas une partie de leur cheptel : le colon spécule sur la plus ou moins value des bestiaux d'une saison à l'autre ; l'exploitation riche en fourrage conserve ses animaux l'hiver ; celle où il y a disette, les vend après les semailles pour racheter au printemps, époque à laquelle la nourriture est plus abondante et les travaux plus urgents.

L'exploitation qui vend à l'entrée de l'hiver perd toujours ; celle qui achète gagne constamment ; car, outre les fumiers qu'elle retire, elle bénéficie sur les bestiaux qui ont acquis une valeur plus considérable. La différence dans le prix, entre ces deux époques, peut être évaluée de quatre-vingt à quatre-vingt-dix

de seigle ou de fève ; cet engraissement a dû être terminé par le pain de lin.

Le rapport de la viande à la graisse peut être ainsi formulé :

Un bœuf gras pesant 600 kilog., viande livrable à la consommation, donne de 80 à 85 kilog. suif ; un bœuf dans un état d'engrais ordinaire, pesant 400 kilog., donne de 45 à 50 kilog. suif.

francs pour une paire de bœufs ; c'est un peu moins pour une paire de vaches ; pour les jeunes animaux de 15 à 16 mois, c'est près d'un tiers.

Il y a avantage à posséder une nourriture abondante, à cultiver les plantes alimentaires : l'exubérance des fourrages appelle toujours une agriculture riche et florissante.

Dans le courant d'une année 25,000 bestiaux au moins sont vendus, achetés et déplacés ; ils changent de localités, de propriétaires, sans sortir du département ; les ventes, les achats ont lieu entre les divers colons, et ce sont toujours ceux dont les granges sont abondamment pourvues de fourrages , qui gagnent le plus à ce genre de commerce.

Le commerce d'exportation est aussi très-grand : les cantons frontières du département de la Dordogne vendent au Périgord de jeunes éléves qu'ils rachètent plus tard, à 4, 5 et 6 ans, et à un prix bien plus haut. Dans une grande partie du canton de Houeillés, le même genre de commerce se pratique avec les contrées limitrophes. Les engrais , les travaux agricoles, souffrent de cette spéculation où le numéraire est déplacé. Ne vaudrait-il pas mieux diriger l'exploitation de manière à pouvoir fournir une bonne et abondante nourriture à ces jeunes animaux pour ne les vendre que lorsqu'ils auraient atteint l'âge adulte et acquis toute leur valeur.

La partie de l'arrondissement de Marmande qui avoisine les limites du département de la Gironde vend au Médoc et aux environs de Bordeaux de bons bœufs qui, après avoir servi dans les exploitations de ces contrées, reviennent dans les localités où ils sont nés, ou dans les environs de la Réole, Bazas, Langon pour y être engraissés et pour être livrés ensuite à la consommation bordelaise.

La Haute-Garonne, le haut Languedoc, la Provence, s'approvisionnent en partie dans le Lot-et-Garonne.

Toulouse, Beziers, Carcassonne, Montpellier, Perpignan, Marseille, Toulon, etc., viennent acquérir nos bœufs pour alimenter leurs boucheries. Le département de la Haute-Garonne achète, en outre, des bœufs de travail.

Montpellier et Béziers, à une époque peu reculée, ne consommaient que des vaches, aujourd'hui on y tue des bœufs. Quelques marchands de Bayonne achètent aussi des vaches qui sont exportées en Espagne pour servir à la consommation.

Les boucheries de Toulouse, depuis un peu plus d'un an, achètent peu ; formés en société, les bouchers de cette ville s'approvisionnent à meilleur marché dans l'arrondissement de Castelsarrazin et dans l'Ariège. Dans ces contrées, en effet, les bœufs se vendent un peu moins, mais aussi leur viande est peut-être moins bonne. Dans tous les cas, durant six mois de l'année, le haut Languedoc ne fait presqu'aucune acquisition dans nos localités.

En 1839 ou 1840, l'Algérie fit acheter dans notre département 2,000 bœufs de médiocre qualité.

Ici serait peut-être l'occasion de noter que la fortune

agricole du département a baissé ; depuis deux ans, les bestiaux ont moins de valeur ; généralement les bœufs se vendent par tête de 35 à 45 francs de moins : pourquoi cette diminution dans le prix de ces animaux ? N'est-ce pas parce que le haut Languedoc, Toulouse, la Provence, tirent moins, et que l'Algérie n'achète plus ?

Ainsi que je l'ai dit, les bestiaux vendus à l'intérieur s'élèvent au moins à 25,000, et la quantité exportée ne dépasse pas 8,000. C'est donc le 16e des Bovinées qui est vendu annuellement au dehors, et le 5e qui change tous les ans de localité, de grange et de propriétaire.

Ce déplacement est un grand bienfait pour l'industrie agricole ; il répand le numéraire, donne quelque aisance au colon, et contribue à l'état sanitaire des bestiaux.

e. Médecine
ire. Sanité
artement.

Trois rivières et de nombreux ruisseaux dont les débordements préjudicient quelquefois à la culture des céréales et moins rarement à la récolte des foins ;

Une vaste et riche plaine, toute plantée d'arbres, que parcourt la Garonne et qu'elle submerge quelquefois ;

Un vaste et grand plateau dominé par quelques coteaux, tous cultivés par la main de l'homme ;

De grandes et belles routes ;

Bientôt, un canal navigable parallèle à la Garonne ;

Bientôt encore, un chemin de fer, dont l'étendue sur son territoire ne sera pas moindre de 84 kilomètres ;

Une végétation luxuriante et variée ;

Tel est l'aspect du département de Lot-et-Garonne, l'un des plus beaux de France.

Effaçons de ce tableau la partie des Landes dont le sol plat, sablonneux, repose sur une couche argileuse. Couverte d'eau en hiver, sèche et aride pendant les mois de la canicule, cette contrée réclame des travaux de desséchement et des semis considérables.

Le département jouit d'un état sanitaire satisfaisant : les maladies épizootiques ont disparu ; les enzootiques ne se montrent que très rarement, et encore n'occasionnent-elles que quelques mortalités ?

Le desséchement des marais, l'exhaussement des terrains, des saignées pratiquées dans les lieux aquatiques, une disposition plus rationnelle dans la construction des étables, une alimentation plus abondante et meilleure, des soins hygiéniques mieux entendus, donnent à nos localités une situation heureuse sous le rapport de la santé dont les animaux jouissent et rassurent sur le peu de gravité, en général, des maladies dont ils se trouvent atteints.

Encore une exception ; la lande fait payer à la bête à laine un tribut annuel de mortalité que quelques soins d'hygiène et une bonne alimentation feraient disparaître.

Les vents nord-ouest, ouest, assainissent toujours

les contrées qu'ils traversent; les vents du sud par leur chaleur et les émanations dont ils sont chargés apportent trop souvent le germe d'affections plus ou moins graves; les premiers, plus fréquents dans nos contrées, sont toujours salutaires; les derniers, heureusement plus rares, sont sans cesse préjudiciables.

L'assainissement des prairies permanentes, l'endiguement des ruisseaux, quelques amendements dans la construction des granges, ont diminué la fréquence d'une maladie toujours mortelle.

Cette affection qui porte, dans le pays, le nom de *crû*, de *charbon*, et qui peut-être n'est qu'une altération du sang, se montre encore tous les ans d'une manière plus restreinte dans quelques localités. Jusqu'à ce jour, la vétérinaire a été impuissante pour en triompher.

Le régime hygiénique a progressé depuis quelques années.

Le pansage si nécessaire pour les animaux de travail, trop négligé jusqu'à ce jour, est plus régulièrement fait; la nourriture est plus saine et plus abondante, les étables mieux disposées; aussi les maladies sont moins fréquentes et les terminaisons plus rarement funestes.

Sous le rapport du pansage et des soins donnés aux bestiaux, les rives de la Garonne laissent peu à désirer.

Les maladies auxquelles les bestiaux sont le plus communément exposés, et que les vétérinaires sont appelés à traiter, n'offrent pas le même degré de gravité.

Le coriza gangréneux, la paraplégie, l'ostéo-sarcome, la phthisie pulmonaire, le volvulus, l'accumulation des calculs dans la vessie urinaire, la rupture de cet organe, le charbon, la torsion du col de l'utérus, la paralysie lombaire, le typhus, sont des maladies extrèmement graves et presque toujours incurables ou mortelles.

Les autres affections plus fréquentes qui ont une terminaison rarement funeste sont les pneumonies, le croup, les gastrites, les entérites, les hépatites, la cystite, la néphrite, la métrite, les indigestions, la glossite, le renversement du vagin et de l'utérus, la parturition laborieuse, les ophthalmies, les taies, les affections herpétiques, les claudications, les arrêts de transpiration, la clavelée et la rétention de la bile dans la vésicule biliaire que vient de faire connaître tout récemment M. Lafore. (1)

Ces diverses maladies ont le plus ordinairement une marche régulière, aussi meurt-il bien peu de bestiaux. Il succombe environ un bœuf sur 300, soit 500 à 550 annuellement; autrement dit, la mortalité est dans la proportion de 3 $\frac{1}{3}$ sur 1000.

On pratique peu d'opérations chirurgicales; et les maladies passées à l'état chronique ne sont pas tou-

(1) Beaucoup d'autres maladies affectent l'espèce bovine, je les passe sous silence parce qu'elles sont peu dangereuses, et que du reste, elles se trouvent décrites dans le bon ouvrage de M. Lafore : « Traité des maladies des grands ruminants. »

jours soumises à la médication du vétérinaire ; le colon préfère livrer son animal à la consommation à bas prix plutôt que de s'exposer à la chance d'une guérison incertaine.

Combien d'animaux vendus et mangés parce qu'ils sont atteints d'une maladie qui demande pour être guérie un temps plus ou moins long. L'empirisme, sous ce rapport, a une belle porte ouverte à son ignorance ; il envoie à la boucherie l'animal qui, pour lui, paraît dangereusement affecté.

La cuisson peut diminuer, mais n'annihile pas la qualité malfaisante de la viande d'un animal tué malade. Peut-être plus d'une affection organique est due à l'action incessante d'une alimentation animale altérée.

Les vétérinaires qui combattent les maladies des grands ruminants leur opposent la méthode antiphlogistique combinée un peu plus tard avec la médication tonique. Dans les fluxions de poitrine, celle de Razori est mise en usage avec quelque succès.

Ils emploient aussi quelquefois une médication spécifique.

Les empiriques usent de la méthode perturbatrice, irritante, étrangement associée aux émissions sanguines ; aussi ne peut-on nombrer les victimes.

Dans quelques opérations chirurgicales, dans quelques manipulations, leur ineptie perce de toute part ; ici les erreurs sont palpables et les victimes se multiplient ; le propriétaire est vraiment trop dupe d'une confiance que rien ne saurait légitimer : une loi sur l'exercice de la vétérinaire sera, l'année prochaine, présentée aux chambres législatives : les progrès de l'agriculture, la conservation des animaux, l'intérêt des propriétaires, la réclament depuis long-temps.

Consommation.

Tous les ans, il est sacrifié, dans les différentes boucheries du département, 25,945 bovinées; savoir : 1,096 bœufs, 1,769 vaches et 23,080 veaux.

L'arrondissement d'Agen est celui qui consomme le plus (7,684). Nérac est celui dont la consommation est la moindre (4,680). Les deux arrondissements de Marmande et de Villeneuve se trouvent placés, sous ce rapport, à peu de chose près sur la même ligne (7,054 — 6,527). (1)

L'arrondissement d'Agen tue un plus grand nombre de bœufs que les autres arrondissements (520). Ceux de Marmande et de Villeneuve font une plus grande consommation de vaches (644 — 523). Celui de Nérac en consomme le moins de tous (182).

De tous les chefs-lieux d'arrondissements, Villeneuve est celui où la consommation animale est la moins considérable (862).

Houeillés (163), Bouglon (194), sont les plus sobres de tous les cantons; peut-être aussi sont-ils les plus pauvres ?

(1) Lorsque deux groupes de chiffres sont séparés seulement par un trait d'union; le premier groupe se rapporte à la première localité; le second groupe à la deuxième. Exemple: Marmande et Villeneuve se trouvent placés, sous ce rapport, à peu de chose près sur la même ligne (7,057—6,527). Le premier chiffre appartient à Marmande; le deuxième à Villeneuve.

Tonneins (934), Le Mas (845), Lauzun (875), consomment le plus de tous ; peut-être sont-ils les plus riches ? (1)

Les cantons d'Agen , Astaffort , Marmande , Casteljaloux , Damazan , Cancon , Sainte-Livrade , Fumel et Villeneuve, détruisent une fois plus de veaux qu'ils n'en élèvent. (10,495 — 5,695.)

Dans tous ces cantons , nécessairement , il y a une importation considérable pour fournir aux besoins de l'alimentation.

Les cantons de Lauzun , Seyches , Nérac , Monflanquin , Penne et Tournon, se font remarquer par le plus grand nombre d'élèves : quelques-uns de ces cantons exportent.

Terme moyen , le bœuf pèse , viande livrable à la consommation , 350 kilog. ; la vache 250 kilog. , et le veau 55 kilog. En partant de ces données, qu'on peut regarder comme exactes , les 25,945 têtes sacrifiées annuellement pour les besoins de la consommation , donnent la quantité énorme de 2 millions 95,210 kilogrammes.

Chaque habitant du département consomme donc par an 6 kilog., et chaque ménage 23 kilog. et demi.

La consommation dans les villes est bien plus considérable que dans la campagne : l'homme des

(1) Les cantons, consommant le moins eu égard à la population , sont: Duras: habitants , 11,124, animaux tués, 248 ; Puymirol : habitants, 7,676, animaux sacrifiés, 271 ; Villeréal : 9,389 habitants, 418 animaux tués.

Les cantons qui consomment le plus relativement à la population , sont: Casteljaloux : habitants 6,552, animaux tués 834 ; le Mas : habitants 9,409, animaux tués, 845.

champs ne mange que 6 kilog., tandis que le citadin consomme à Agen près de 28 kilog.; à Marmande, 28 kilog.; à Nérac, 29 kilog., et à Villeneuve 10 kilog. 1/2 seulement (1). La consommation dans cette dernière ville est bien inférieure aux trois autres : ne pourrait-on pas attribuer cette moindre consommation à la grande quantité de porcs tués annuellement, et qui dépasse le chiffre de 3,000 (2).

Quelle qu'elle soit, la consommation individuelle, en France, n'atteindra probablement jamais le chiffre de celle d'Angleterre : dans ce pays, où tout est presque à l'état anormal, chaque habitant dépense annuellement en viande 125 kilogrammes.

Le tableau de consommation et celui du dénombrement des bestiaux, sont le résultat des documents fournis par les octrois et des relevés qui ont été faits dans chaque commune par les soins de MM. les Maires, sur la demande expresse de M. le Préfet.

Le tableau de consommation donne ce grave enseignement qui fait surgir des réflexions sérieuses : c'est que le département ne possède que 26,431 veaux, tandis que tous les ans il est tué 23,080 veaux, 2,865 bœufs ou vaches, et il est exporté de 7,500 à 8,000 bêtes, ensemble, 33,945. Nécessairement il

---

(1) Ce chiffre de consommation a été calculé sur la population agglomérée des villes d'Agen, Marmande, Nérac et Villeneuve. Si l'on suppose que la banlieue peut s'approvisionner dans ces villes, nécessairement le chiffre de la consommation sera moins considérable.

2) Dans le nombre de bêtes bovines consommées à Villeneuve, ne sont point comprises les vaches pour la confection des saucissons, dont cette ville fait un commerce considérable.

doit y avoir importation et sortie de numéraire , car s'il n'y avait pas introduction de bestiaux des départements voisins , nous éprouverions une disette notable , si une épizootie venait ravager nos contrées.

La consommation de la viande va toujours croissant ; le bien-être de la vie animale se fait généralement sentir dans toutes les classes, et peu d'individus veulent s'en priver.

En 1834 , la ville d'Agen a consommé 337,205 kilogrammes , et en 1843 , 383,835 ; différence , 46,630 kilogrammes. Cette différence, toute relative seulement aux bestiaux , a porté la consommation , par habitant , à 3 kilogrammes en plus , en 1843.

La consommation du département s'élève donc à 25,945 bovinées, et l'exportation à 8,000. Ces deux chiffres donnent la quantité de 33,945, qui dépasse le quart du nombre de bestiaux que nous possédons. Tous les quatre ans , il y a donc une génération nouvelle ou un déplacement dans la presque totalité des instruments vivants de nos travaux agricoles.

Quelle conséquence doit-on tirer de tous ces enseignements ? C'est qu'il y a intérêt urgent , et pour la consommation animale toujours croissante , et pour les besoins de l'agriculture , de multiplier les bestiaux, d'en augmenter le nombre et de conserver les jeunes élèves.

Le nombre des bêtes bovines s'élève , d'après les tableaux dressés dans toutes les communes , à 129,973 ; ce chiffre se compose de 29,163 bœufs , de 64,289 vaches, de 10,090 taureaux et de 26,431 veaux.

L'arrondissement de Marmande est celui où le nombre des bestiaux est le plus considérable : « 38,825. » Celui de Nérac en possède le moins de tous : « 26,127. » Dans l'arrondissement de Villeneuve , on en compte 37,503 : celui d'Agen en a 10,000 de moins : « 27,518. »

L'arrondissement de Marmande élève 8,664 veaux ; celui de Villeneuve 7,281 ; Agen et Nérac n'en ont que 5,324 — 5,162.

Le plus grand nombre de vaches se trouve dans les arrondissements de Marmande et de Villeneuve (21,932 — 18,260) ; Agen et Nérac en ont à peu de chose près moitié moins (12,565 — 11,532).

La quantité de vaches , dans le département , dépasse du double celle des bœufs (64,289 — 29,163).

Marmande, 3,922 vaches; Seyches, 3,739; Nérac, 3,471 ; Lauzun , 3,408 ; Villeréal , 2,478 ; Prayssas, 2,291 ; Tonneins, 2,112; Monflanquin, 2,083; Monclar , 2,082 ; Duras , 2,030 ; Castillonnès , 2,013 , sont les cantons dans lesquels on rencontre le plus grand nombre de ces animaux.

Les cantons de Bouglon, 1,113 vaches ; Astaffort, 922 ; Damazan , 879 ; Houeillès , 867 ; Laplume , 828 , sont ceux au contraire qui en ont le moins ; c'est aussi dans ces cantons que se trouve la plus petite quantité de veaux.

Ne serait-il pas d'une sagesse prévoyante de donner des primes aux cultivateurs qui élèveraient le plus de veaux , ou à ceux dont l'exploitation rurale serait desservie par la plus grande quantité de vaches ?

Les vaches ont le double avantage de faire le travail des bœufs et de pouvoir donner presque tous les ans une production.

La valeur moyenne du taureau, du bœuf , de la vache et du veau, varie un peu suivant les localités : dans toutes, il n'y a pas identité, soit dans les formes soit dans les qualités.

Les cantons de Marmande , Meilhan , Bouglon , Damazan, Tonneins, Lauzun, Seyches, Duras, Castelmoron, Francescas, Mezin et Beauville présentent le prix moyen le plus élevé de 300 à 325 fr. le bœuf, de 200 à 250 fr la vache. Aussi la fortune agricole de ces cantons est-elle la plus considérable sous ce rapport.

Les cantons de Houeillès , Laplume , Astaffort, Cancon, Fumel, Monflanquin, Agen , Prayssas, offrent la valeur moyenne la moins forte. Le bœuf, 175 à 250 fr.; la vache, 135 à 205.

En adoptant les chiffres que je viens de faire connaître, chiffres qui expriment autant que possible la valeur moyenne , l'espèce bovine représente le capital énorme de 24,904,512 francs. (1)

Les bestiaux du canton de Nérac valent 1,370,630

(1) Depuis cette estimation faite sur les lieux par des personnes très-compétentes, le prix du bétail a baissé ; mais cette baisse , due sans doute à la perte des fourrages et des autres récoltes par la dernière grêle , ne sera probablement que momentanée.

fr ; ceux du canton de Marmande 1,366,650 ; et ceux du canton de Seyches 1,046,790, tandis que le canton de Houeillès ne représente qu'une valeur de 227,255 fr., celui de Laplume 412,820, et celui de Casteljaloux 476,725.

L'arrondissement de Marmande est le plus riche en bestiaux ; leur valeur moyenne s'élève à 7,582,660 fr. ; celui de Villeneuve en possède pour 7,118,090 : les deux arrondissements de Nérac et d'Agen, moins riches que les deux précédents, ne présentent, le premier que la somme de 5,142,245 fr. et le second que celle de 5,061,517.

Quatre tableaux Nᵒˢ 1, 2, 3 et 4 groupent les quatre arrondissements avec la valeur moyenne des bestiaux, et justifient le chiffre qui exprime la fortune agricole du département.

Le tableau Nᵒ 5 exhibe la fortune totale du département, sous ce rapport.

Quatre autres tableaux, les Nᵒˢ 6, 7, 8 et 9, représentent par arrondissement le nombre des bovinées et celui des animaux consommés dans l'année. Le tableau Nᵒ 10 récapitule la quantité des bestiaux du département, et le nombre consommé annuellement.

Enfin 34 tableaux représentent par canton et par commune le nombre des animaux existants, et la quantité sacrifiée, tous les ans, pour le besoin de l'alimentation.

La fortune agricole a éprouvé une baisse depuis deux ans, les bestiaux se vendent un prix moins

haut et il s'en achète une moindre quantité : les bovinées offrent donc un capital moins considérable : je ne
crains pas de m'éloigner du vrai en disant qu'il y a
une différence, sous ce rapport, d'au moins deux
millions.

A deux époques, dans l'année, cette fortune agricole présente une alternative de hausse et de baisse ;
elle est plus considérable au printemps, au mois de
mai où les bêtes bovines se vendent mieux et à un
prix plus élevé : elle est moindre en automne ; aux
mois de novembre et de décembre, les bestiaux ont
moins de cours.

Dans tous les cas, on ne doit pas hésiter à dire que
la partie principale de la fortune agricole de nos contrées est assise sur le nombre des bestiaux, et que leur
plus ou moins grande quantité sera toujours le ther-
momètre de l'état de l'agriculture du département.

Suivent les Tableaux

NOMBRE ET VALEUR DU BÉTAIL.

Arrondissement d'Agen.

CANTONS.	TOTAL DU BÉTAIL.	VALEUR MOYENNE (1).				
		Taureaux.	Bœufs.	Vaches.	Veaux.	TOTAL.
Agen.	4,367	200	250	200	66	798,362
Astaffort.	2,924	150	240	180	75	544,725
Beauville.	3,749	150	300	160	60	658,120
Laplume.	2,432	140	230	180	60	412,820
Laroque.	2,620	160	265	200	60	492,740
Port-Sainte-Marie.	4,123	150	275	200	60	754,825
Prayssas.	4,069	200	250	200	70	759,350
Puymirol.	3,234	180	275	225	80	640,575
Total.	27,518	»	»	»	»	5,061,517

(1) La valeur moyenne m'a été donnée par mes confrères des différents cantons ; elle a été prise sur les prix courants des bestiaux , dans le mois de mars de l'année 1844

RECENSEMENT DE 1840 — Tableau nᵒ 2.

NOMBRE ET VALEUR DU BÉTAIL.

Arrondissement de Marmande.

CANTONS.	TOTAL DU BÉTAIL.	VALEUR MOYENNE.				
		Taureaux.	Bœufs.	Vaches.	Veaux.	TOTAL.
Bouglon.	2,909	160	325	225	70	654,155
Castelmoron.	3,628	200	300	250	75	743,700
Duras.	3,710	150	300	200	80	710,450
Lauzun.	4,763	150	300	200	80	830,810
Marmande.	6,932	200	325	230	65	1,366,650
Le Mas.	4,051	150	250	220	80	749,140
Meilhan..	3,387	150	325	225	80	696,755
Seyches.	5,550	150	300	220	70	1,046,790
Tonneins.	3,895	160	300	230	75	784,210
Total.	38,825	»	»	»	»	7,582,660

RECENSEMENT DE 1840. — Tableau nº 3.

NOMBRE ET VALEUR DU BÉTAIL.

Arrondissement de Nérac.

CANTONS.	TOTAL DU BÉTAIL.	VALEUR MOYENNE.				
		Taureaux.	Bœufs.	Vaches.	Veaux.	TOTAL.
Casteljaloux..........	2,461	150	280	200	65	476,725
Damazan..........	3,295	225	325	250	80	857,445
Francescas..........	4,044	140	300	250	70	826,940
Houeillès..........	1,725	125	175	135	45	227,255
Lavardac..........	3,143	140	275	200	60	582,640
Mézin..........	3,899	200	300	200	70	800,610
Nérac..........	7,560	150	275	200	70	1,370,630
Total..........	26.127	»	»	»	»	5,142,245

RECENSEMENT DE 1840. — Tableau nº 4.

NOMBRE ET VALEUR DU BÉTAIL.

Arrondissement de Villeneuve.

CANTONS.	TOTAL DU BÉTAIL.	VALEUR MOYENNE.				
		Taureaux.	Bœufs.	Vaches.	Veaux.	TOTAL.
Cancon.	3,448	155	245	205	80	659,880
Castillonnès.	3,409	140	265	200	65	558,965
Fumel.	2,963	140	250	190	50	525,870
Monclar.	3,245	140	275	225	55	614,170
Monflanquin.	5,252	180	250	200	60	931,670
Penne.	4,658	155	270	200	65	858,195
Sainte-Livrade.	2,708	140	275	225	55	615,580
Tournon.	4,925	145	275	205	70	1,011,750
Villeneuve.	3,186	180	265	185	50	656,795
Villeréal.	3,709	140	265	200	65	685,215
Total.	37,503	»	»	»	»	7,118,090

VALEUR MOYENNE DES BESTIAUX DU DÉPARTEMENT.

ARRONDISSEMENTS.	TOTAL DU BÉTAIL.	VALEUR MOYENNE.	SOMME.
Agen.	27,518	»	5,061,517
Marmande.	38,825	»	7,582,660
Nérac.	26,127	»	5,142,245
Villeneuve.	37,503	»	7,118,090
Total.	129,973	»	24,904,512

RECENSEMENT DE 1840 — (TABLEAU Nº 6.)

ARRONDISSEMENT D'AGEN. — CANTONS.	NOMBRE D'ANIMAUX. ESPÈCE BOVINE.					CONSOMMATION DE L'ANNÉE.			
	Bœufs.	Vaches.	Taureaux.	Veaux.	TOTAL.	Bœufs.	Vaches.	Veaux.	TOTAL.
Agen.	997	1,907	531	932	4,367	416	173	'3820	4,409
Astaffort.	1,296	922	197	509	2,924	41	27	632	700
Beauville.	840	1,963	392	554	3,749	5	29	355	389
Laplume.	914	828	152	538	2,432	6	7	393	406
Laroque.	576	1,354	279	411	2,620	»	21	283	304
Port-Sainte-Marie. . .	1,031	1,923	184	985	4,123	47	64	645	756
Prayssas.	861	2,291	167	750	4,069	4	31	414	449
Puymirol.	642	1,377	570	645	3,234	1	68	202	271
Totaux.	7,157	12,565	2,472	5,324	27,518	520	420	6,744	7,684

RECENSEMENT DE 1840. — (Tableau n° 7.)

ARRONDISSEMENT DE MARMANDE. — CANTONS.	NOMBRE D'ANIMAUX. ESPÈCE BOVINE.					CONSOMMATION DE L'ANNÉE.			
	Bœufs.	Vaches.	Taureaux.	Veaux.	TOTAL.	Bœufs.	Vaches.	Veaux.	TOTAL.
Bouglon............	1,014	1,113	216	566	2,909	9	4	181	194
Castelmoron........	293	2.181	192	962	3,628	10	29	494	533
Duras.............	688	2,030	267	725	3,710	4	52	192	248
Lauzun............	126	3,408	187	1,042	4,763	8	132	735	875
Marmande..........	619	3,922	800	1,591	6,932	66	162	2,243	2,471
Le Mas............	878	1,701	538	934	4,051	58	95	692	845
Meilhan...........	605	1,726	390	666	3,387	22	15	302	339
Seyches...........	328	3,739	275	1,208	5,550	28	134	453	615
Tonneins..........	683	2,112	130	970	3,895	47	21	866	934
Totaux........	5,234	21,932	2,995	8,664	38,825	252	644	6,158	7,054

RECENSEMENT DE 1840. — (TABLEAU N° 8)

ARRONDISSEMENT DE NÉRAC. — CANTONS.	NOMBRE D'ANIMAUX. ESPÈCE BOVINE.					CONSOMMATION DE L'ANNÉE.			
	Bœufs.	Vaches.	Taureaux.	Veaux.	TOTAL.	Bœufs.	Vaches.	Veaux.	TOTAL.
Casteljaloux......	780	1,033	113	535	2,461	16	»	818	834
Damazan........	1,563	879	424	429	3,295	23	16	460	499
Francescas.......	316	2,466	390	872	4,044	8	28	558	594
Houeillès.......	536	867	24	298	1,725	8	10	145	163
Lavardac.......	964	1,176	277	726	3,143	16	26	490	532
Mezin.........	1,252	1,640	204	803	3,899	21	53	528	602
Nérac.........	1,464	3,471	1,126	1,499	7,560	82	49	1,325	1,456
TOTAUX.....	6,875	11,532	2,558	5,162	26,127	174	182	4,324	4,680

RECENSEMENT DE 1840. — (Tableau nº 9.)

ARRONDISSEMENT DE VILLENEUVE. — CANTONS.	NOMBRE D'ANIMAUX. ESPÈCE BOVINE.					CONSOMMATION DE L'ANNÉE.			
	Bœufs.	Vaches.	Taureaux.	Veaux.	TOTAL.	Bœufs.	Vaches.	Veaux.	TOTAL.
Cancon.	906	1,751	209	582	3,448	8	97	707	812
Castillonnés.	246	2,013	219	931	3,409	7	44	585	636
Fumel.	585	1,776	112	490	2,963	23	79	640	742
Monclar.	321	2,082	131	711	3,245	4	78	604	686
Monflanquin.	1,443	2,083	423	1,303	5,252	6	33	786	825
Penne.	1,247	1,908	469	1,034	4,658	20	58	695	773
Sainte-Livrade. . . .	962	1,483	34	229	2,708	16	34	415	465
Tournon.	2,170	1,515	235	1,005	4,925	20	30	258	308
Villeneuve.	1,520	11,71	97	398	3,186	40	62	760	862
Villeréal.	497	2,478	136	598	3,709	6	8	404	418
Totaux.	9,897	18,260	2,065	7,281	37,503	150	523	5,854	6,527

RECENSEMENT DE 1840 — (TABLEAU Nº 10.)

ARRONDISSEMENTS.	TOTAL DES BÊTES BOVINES DU DÉPARTEMENT.					CONSOMMATION TOTALE DU DÉPARTEMENT.			
	Bœufs	Vaches.	Taureaux.	Veaux.	TOTAL.	Bœufs.	Vaches.	Veaux.	TOTAL.
Agen.	7,157	12,565	2,472	5,324	27,518	520	420	6,744	7,684
Marmande.	5,234	21,932	2,995	8,664	38,825	252	644	6,658	7,054
Nérac..	6,875	11,532	2,558	5,162	26,127	174	182	4,324	4,680
Villeneuve.	9,897	18,260	2,065	7,281	37,503	150	523	5,854	6,527
Totaux.	29,163	64,289	10,090	26,431	129,973	1,096	1,769	23,080	25,945

CANTON D'AGEN. — (TABLEAU Nº 11.)

| COMMUNES. | NOMBRE D'ANIMAUX. | | | | | CONSOMMATION | | | |
| | ESPÈCE BOVINE. | | | | | DE L'ANNÉE. | | | |
	Bœufs.	Vaches.	Taureaux.	Veaux.	TOTAL.	Bœufs.	Vaches.	Veaux.	TOTAL.
Agen.	54	158	6	27	245	397	159	3,669	4,225
Bajamont.	50	194	24	69	337	»	4	50	54
Boé.	126	188	21	158	493	»	»	»	»
Bon-Encontre.	146	300	40	186	672	18	6	36	60
Foulayronnes.	210	239	156	80	685	»	»	»	»
Passage (le).	124	125	36	97	382	»	1	40	41
Pont-du-Casse. . . .	94	226	144	64	528	»	»	»	»
Saint-Cirq.	112	274	53	180	619	»	»	»	»
Saint-Hilaire.	81	203	51	71	406	1	3	25	29
Totaux.	997	1,907	531	932	4,367	416	173	3,820	4,409

CANTON D'ASTAFFORT. — (Tableau nᵒ 12.)

COMMUNES.	NOMBRE D'ANIMAUX.					CONSOMMATION			
	ESPÈCE BOVINE.					DE L'ANNÉE.			
	Bœufs.	Vaches.	Taureaux.	Veaux.	TOTAL.	Bœufs.	Vaches.	Veaux	TOTAL.
Astaffort.	231	281	26	196	734	8	2	300	310
Caudecoste.	170	110	43	38	361	6	8	48	62
Cuq.	140	130	30	40	340	»	»	»	»
Fals.	119	38	9	18	184	»	»	»	»
Layrac.	426	179	28	80	713	22	5	222	249
Saint-Nicolas. . . .	60	53	»	16	129	2	3	29	34
Saint-Sixte.	68	52	19	38	177	3	5	29	37
Sauveterre.	82	79	42	83	286	»	4	4	8
Totaux.	1,296	922	197	509	2,924	41	27	632	700

CANTON DE BEAUVILLE — (Tableau nº 13.)

| COMMUNES. | NOMBRE D'ANIMAUX. | | | | | CONSOMMATION | | | |
| | ESPÈCE BOVINE. | | | | | DE L'ANNÉE. | | | |
	Bœufs.	Vaches	Taureaux.	Veaux.	TOTAL.	Bœufs.	Vaches.	Veaux.	TOTAL.
Beauville.........	207	467	91	93	858	2	15	200	217
Blaymont.........	85	218	38	32	373	»	»	»	»
Cauzac..........	94	244	9	140	487	»	3	15	18
Combebonnet	60	72	52	34	218	»	1	10	11
Gandaille.........	72	306	42	86	506	»	»	»	»
Saint-Martin......	40	80	30	16	166	»	»	10	10
Saint-Maurin.....	219	355	60	65	699	3	10	120	133
Tayrac..........	63	221	70	88	442	»	»	»	»
Totaux......	840	1,963	392	554	3,749	5	29	355	389

CANTON DE LAPLUME. — (TABLEAU N° 14.)

COMMUNES.	NOMBRE D'ANIMAUX.					CONSOMMATION			
	ESPÈCE BOVINE.					DE L'ANNÉE.			
	Bœufs.	Vaches.	Taureaux.	Veaux.	TOTAL.	Bœufs.	Vaches.	Veaux.	TOTAL.
Aubiac.	129	66	8	18	221	»	2	20	22
Brax.	90	96	27	37	250	»	»	3	3
Estillac.	102	33	22	11	168	»	»	»	»
Laplume.	216	294	24	210	744	2	2	200	204
Marmont-Pachas. . .	34	76	»	126	236	»	»	»	»
Moirax.	142	28	6	10	186	2	2	50	54
Roquefort.	42	34	10	10	96	»	»	»	»
Sainte-Colombe. . .	89	111	27	71	298	1	»	60	61
Sérignac.	70	90	28	45	233	1	1	60	62
TOTAUX.	914	828	152	538	2,432	6	7	393	406

CANTON DE LAROQUE. — (Tableau nº 15.)

| COMMUNES. | NOMBRE D'ANIMAUX. | | | | | CONSOMMATION | | | |
| | ESPÈCE BOVINE. | | | | | DE L'ANNÉE. | | | |
	Bœufs.	Vaches.	Taureaux.	Veaux.	TOTAL.	Bœufs.	Vaches.	Veaux.	TOTAL.
Castella..........	48	193	28	22	291	»	»	»	»
Cassignas.........	67	104	27	17	215	»	»	»	»
Croix-Blanche (la)...	94	166	30	80	370	»	3	55	58
Laroque..........	123	346	62	99	630	»	11	119	130
La Sauvetat-de-Savères	52	100	21	50	223	»	1	11	12
Monbalen.........	52	161	11	38	262	»	»	»	»
Saint-Robert......	28	105	48	23	204	»	»	18	18
Sauvagnas........	112	179	52	82	425	»	6	80	86
TOTAUX......	576	1,354	279	411	2,620	»	21	283	304

CANTON DE PORT-SAINTE-MARIE. — (Tableau n° 16.)

COMMUNES.	NOMBRE D'ANIMAUX.					CONSOMMATION			
	ESPÈCE BOVINE.					DE L'ANNÉE.			
	Bœufs.	Vaches.	Taureaux.	Veaux.	TOTAL.	Bœufs.	Vaches.	Veaux.	TOTAL.
Aiguillon.	300	200	2	160	662	15	10	425	450
Bazens.	48	176	2	90	316	»	»	2	2
Bourran.	187	353	50	83	673	»	»	»	»
Clermont-Dessous. . .	26	212	44	190	472	»	»	»	»
Frégimont.	36	172	16	57	281	2	2	6	10
Galapian.	78	112	5	40	235	»	2	50	52
Lusignan-Grand. . .	25	163	24	61	273	»	»	»	»
Lagarrigue.	41	95	6	28	170	»	»	»	»
Nicole	40	42	7	11	100	»	»	»	»
Port-Sainte-Marie. .	200	200	12	200	612	30	50	150	230
Saint-Salvy.	50	198	16	65	329	»	»	12	12
Totaux.	1,031	1,923	184	985	4,123	47	64	645	756

CANTON DE PRAYSSAS. — (Tableau n° 17.)

COMMUNES.	NOMBRE D'ANIMAUX.					CONSOMMATION			
	ESPÈCE BOVINE.					DE L'ANNÉE.			
	Bœufs.	Vaches.	Taureaux.	Veaux.	TOTAL.	Bœufs.	Vaches.	Veaux.	TOTAL.
Cours.	38	120	»	70	228	»	2	8	10
Granges.	27	91	»	80	198	»	7	80	87
Lacépède.	60	228	29	59	376	»	2	39	41
Laugnac.	100	210	30	120	460	»	10	120	130
Lusignan-Petit. . . .	36	158	14	70	278	»	»	»	»
Madaillan.	86	376	52	52	566	»	»	»	»
Montpezat.	260	256	3	130	649	1	5	60	66
Prayssas.	196	572	38	107	913	2	3	76	81
Saint-Sardos. . . .	58	280	1	62	401	1	2	31	34
Totaux.	861	2,291	167	750	4,069	4	31	414	449

CANTON DE PUYMIROL. — (TABLEAU N° 48)

COMMUNES.	NOMBRE D'ANIMAUX. ESPÈCE BOVINE.					CONSOMMATION DE L'ANNÉE.			
	Bœufs.	Vaches.	Taureaux.	Veaux.	TOTAL.	Bœufs.	Vaches.	Veaux.	TOTAL.
Castelculier........	104	100	79	90	373	»	20	6	26
Ciermont-Dessus...	59	153	25	111	348	»	»	»	»
Grayssas.........	72	104	8	62	246	»	»	»	»
Lafox..........	25	25	13	19	82	»	12	10	22
Puymirol........	121	270	309	196	896	1	20	146	167
St-Caprais-de-Lerm.	42	154	54	42	292	»	4	10	14
St-Jean-de-Thurac..	34	86	20	25	165	»	10	15	25
St-Pierre-de-Clairac..	42	170	5	45	262	»	»	»	»
Saint-Romain....	58	232	42	45	377	»	2	15	17
Saint-Urcisse.....	85	83	15	10	193	»	»	»	»
Totaux.....	642	1,377	570	645	3,234	1	68	202	271

(2e ARROND^t.) CANTON DE BOUGLON. — (TABLEAU N° 19.)

COMMUNES.	NOMBRE D'ANIMAUX. ESPÈCE BOVINE.					CONSOMMATION DE L'ANNÉE.			
	Bœufs.	Vaches.	Taureaux.	Veaux.	TOTAL.	Bœufs.	Vaches.	Veaux	TOTAL.
Antagnac.	20	60	6	40	126	»	»	2	2
Argenton.	162	84	»	62	308	»	»	»	»
Bouglon..	140	142	17	65	364	5	»	110	115
Grezet et Cavagnan. .	115	130	109	19	373	»	»	35	35
Guérin.	108	116	12	72	308	»	»	4	4
Labastide..	160	180	30	80	450	4	4	25	33
Poussignac.	69	156	13	97	335	»	»	»	»
Romestaing.	133	122	21	72	348	»	»	5	5
Ruffiac.	107	223	8	59	297	»	»	»	»
TOTAUX.	1,014	1,113	216	566	2,909	9	4	181	194

CANTON DE CASTELMORON. — (TABLEAU Nº 20.)

COMMUNES.	NOMBRE D'ANIMAUX. ESPÈCE BOVINE.					CONSOMMATION DE L'ANNÉE.			
	Bœufs	Vaches.	Taureaux.	Veaux.	TOTAL.	Bœufs.	Vaches.	Veaux.	TOTAL.
Brugnac..........	30	480	50	300	860	»	10	15	25
Castelmoron......	91	334	49	249	723	8	5	219	232
Coulx...........	27	214	14	53	308	»	»	»	»
Grateloup........	27	228	17	80	352	»	6	15	21
Labretonnie......	10	145	15	25	195	»	»	»	»
Laparade.........	70	197	23	49	339	»	2	120	122
Saint-Gayrand.....	16	196	5	81	298	»	»	5	5
Verteuil..........	22	387	19	125	553	2	6	120	128
TOTAUX......	293	2,181	192	962	3,628	10	29	494	533

CANTON DE DURAS. — (Tableau nº 21.)

COMMUNES.	NOMBRE D'ANIMAUX. ESPÈCE BOVINE.					CONSOMMATION DE L'ANNÉE.			
	Bœufs.	Vaches	Taureaux.	Veaux.	TOTAL.	Bœufs.	Vaches.	Veaux.	TOTAL.
Auriac.	5	117	6	32	160	»	1	2	3
Baleyssagues.	26	246	12	70	354	»	12	22	34
Duras.	12	240	100	160	512	4	15	50	69
Esclottes.	64	53	»	11	128	»	3	5	8
La Sauvetat-du-Drot.	4	178	13	60	255	»	6	50	56
Loubès-Bernac. . . .	173	118	5	26	322	»	2	20	22
Moustier.	»	116	6	50	172	»	»	»	»
Pardaillan.	15	292	5	90	402	»	10	10	20
Saint-Astier.	62	46	»	7	115	»	»	»	»
St-Jean-de-Duras. . .	53	155	12	59	279	»	»	»	»
Saint-Sernin.	43	211	20	89	363	»	»	»	»
Savignac.	89	110	6	21	226	»	»	»	»
Soumensac	62	82	2	32	178	»	»	»	»
Villeneuve-de-Duras.	80	66	80	18	244	»	3	33	36
Totaux.	688	2,030	267	725	3,710	4	52	192	248

CANTON DE LAUZUN. — (Tableau n° 22.)

COMMUNES.	NOMBRE D'ANIMAUX. ESPÈCE BOVINE.					CONSOMMATION DE L'ANNÉE.			
	Bœufs	Vaches.	Taureaux.	Veaux.	TOTAL.	Bœufs.	Vaches.	Veaux.	TOTAL.
Agnac..............	2	200	19	50	271	»	»	»	»
Allemans...........	»	150	5	18	173	»	50	120	170
Armillac...........	»	118	3	59	180	»	16	8	24
Bourgougnague.....	8	151	5	52	216	»	»	»	»
Laperche..........	2	183	7	49	241	»	»	5	5
Lauzun............	24	304	31	90	449	3	15	116	134
Lavergne..........	10	235	10	84	339	»	5	48	53
Miramont..........	»	190	20	55	265	5	40	380	425
Montignac de Lauzun	12	352	7	83	454	»	»	»	»
Peyrière..........	»	133	»	32	165	»	6	50	56
Puysserampion.....	2	126	3	32	163	»	»	»	»
Roumagne..........	»	178	7	57	242	»	»	»	»
Saint-Colomb......	34	457	34	205	730	»	»	»	»
Saint-Nazaire.....	4	118	13	36	171	»	»	»	»
St-Pardoux-Isaac...	»	142	8	55	205	»	»	8	8
Ségalas...........	28	371	15	85	499	»	»	»	»
Totaux.......	126	3,408	187	1,042	4,763	8	132	735	875

CANTON DE MARMANDE. — (Tableau n° 23.)

COMMUNES.	NOMBRE D'ANIMAUX. ESPÈCE BOVINE.					CONSOMMATION DE L'ANNÉE.			
	Bœufs.	Vaches.	Taureaux.	Veaux.	TOTAL.	Bœufs.	Vaches.	Veaux.	TOTAL.
Agmé.	10	88	8	101	207	»	10	15	25
Beaupuy.	36	153	77	54	320	»	»	»	»
Birac.	26	459	52	104	641	»	15	6	21
Fauguerolles.	36	199	37	92	364	»	8	48	56
Gontaud.	58	302	30	100	490	3	7	130	140
Hautesvignes.	8	114	6	64	192	»	»	»	»
Longueville.	68	302	106	112	588	»	»	»	»
Marmande.	81	775	127	498	1,481	50	75	1,893	2,018
Sainte-Bazeille. . . .	33	539	148	148	868	13	17	145	175
St-Pierre-de-Nogaret.	90	300	40	80	510	»	30	6	36
Sénestis.	41	305	35	88	469	»	»	»	»
Taillebourg.	98	78	30	34	240	»	»	»	»
Virazeil.	34	308	104	116	562	»	»	»	»
Totaux.	619	3,922	800	1,591	6,932	66	162	2,243	2,471

CANTON DU MAS. — (Tableau n° 24.)

COMMUNES.	NOMBRE D'ANIMAUX. ESPÈCE BOVINE.					CONSOMMATION DE L'ANNÉE.			
	Bœufs.	Vaches.	Taureaux.	Veaux.	TOTAL.	Bœufs.	Vaches.	Veaux.	TOTAL.
Calonges.	83	309	40	46	478	»	5	24	29
Caumont.	70	200	30	80	380	2	»	80	82
Fourques.	102	140	200	300	742	35	90	200	325
Lagruère.	128	399	71	204	802	»	»	»	»
Le Mas.	129	273	47	138	587	21	»	388	409
Samazan.	240	180	100	110	630	»	»	»	»
Villeton.	126	200	50	56	432	»	»	»	»
Totaux.	878	1,701	538	934	4,051	58	95	692	845

CANTON DE MEILHAN. — (Tableau n° 25.)

COMMUNES.	NOMBRE D'ANIMAUX. ESPÈCE BOVINE.					CONSOMMATION DE L'ANNÉE.			
	Bœufs.	Vaches.	Taureaux.	Veaux.	TOTAL.	Bœufs.	Vaches.	Veaux.	TOTAL.
Cocumont.	262	297	41	84	684	15	»	142	157
Couthures.	»	95	27	63	185	1	3	60	64
Gaujac.	22	330	20	150	522	»	»	»	»
Jusix.	14	278	63	74	429	»	»	»	»
Marcellus.	10	120	15	70	215	»	»	»	»
Meilhan.	148	365	100	120	733	6	12	100	118
Montpouillan. . . .	63	179	119	85	446	»	»	»	»
Saint-Sauveur-de-Meilhan. . .	86	62	5	20	173	»	»	»	»
Totaux.	605	1,726	390	666	3,387	22	15	302	339

CANTON DE SEYCHES. — (Tableau nº 26.)

COMMUNES.	NOMBRE D'ANIMAUX. ESPÈCE BOVINE.					CONSOMMATION DE L'ANNÉE.			
	Bœufs.	Vaches.	Taureaux.	Veaux.	TOTAL.	Bœufs.	Vaches.	Veaux.	TOTAL.
Cambes.	»	167	6	27	200	»	»	»	»
Castelnaud.	40	236	20	50	346	»	15	40	55
Escassefort.	24	305	60	100	489	»	12	25	37
Lachapelle.	»	94	4	6	104	»	6	18	24
Lagupie.	»	138	30	44	112	»	»	»	»
Lévignac.	10	520	20	130	680	»	12	50	62
Mauvezin.	91	220	»	45	356	24	8	40	72
Monteton.	»	201	»	100	301	»	»	»	»
Montignac–Toupinerie	2	110	11	40	163	»	»	»	»
Puymiclan.	18	360	25	90	493	»	»	»	»
Saint Avit.	12	148	26	48	234	»	»	»	»
Saint-Barthélemy. . .	16	672	20	336	1,044	4	50	200	254
Saint-Martin.	5	114	7	14	140	»	»	»	»
St-Pierre-de-Lévignac	52	88	23	19	182	»	12	16	28
Seyches.	6	278	»	140	424	»	7	48	55
St-Sauveur-de-Lévig.	52	88	23	19	182	»	12	16	28
Totaux.	328	3,739	275	1,208	5,550	28	134	453	615

CANTON DE TONNEINS. — (TABLEAU Nº 27)

COMMUNES.	NOMBRE D'ANIMAUX. ESPÈCE BOVINE.					CONSOMMATION DE L'ANNÉE.			
	Bœufs.	Vaches.	Taureaux.	Veaux.	TOTAL.	Bœufs.	Vaches.	Veaux.	TOTAL.
Clairac.............	146	682	20	191	1,039	32	16	449	497
Fauillet............	77	317	50	167	611	»	»	50	50
Laffite.............	156	220	»	82	458	1	2	40	43
Tonneins...........	248	496	10	420	1,174	14	3	327	344
Varès.............	56	397	50	110	613	»	»	»	»
TOTAUX......	683	2,112	130	970	3,895	47	21	866	934

(3e ARRONDt.) **CANTON DE CASTELJALOUX. — (TABLEAU N° 28.)**

| COMMUNES. | NOMBRE D'ANIMAUX. | | | | | CONSOMMATION | | | |
| | ESPÈCE BOVINE. | | | | | DE L'ANNÉE. | | | |
	Bœufs.	Vaches.	Taureaux.	Veaux.	TOTAL.	Bœufs.	Vaches.	Veaux.	TOTAL.
Anzex.	110	76	30	40	256	»	»	»	»
Beauziac.	24	163	41	55	283	»	»	»	»
Casteljaloux.	206	262	32	184	684	16	»	800	816
La Réunion.	100	86	2	27	215	»	»	»	»
Leyrits-Moncassin.	140	86	6	27	259	»	»	»	»
St-Martin-Curton.	120	286	2	155	563	»	»	»	»
Villefranche.	80	74	»	47	201	»	»	18	18
TOTAUX.	780	1,033	113	535	2,461	16	»	818	834

CANTON DE DAMAZAN. — (Tableau n° 29.)

COMMUNES.	NOMBRE D'ANIMAUX					CONSOMMATION			
	ESPÈCE BOVINE.					DE L'ANNÉE.			
	Bœufs	Vaches.	Taureaux.	Veaux.	TOTAL.	Bœufs.	Vaches.	Veaux.	TOTAL.
Ambrus.	42	28	20	»	90	»	»	»	»
Buzet.	290	80	65	64	499	10	5	120	135
Caubeyres.	90	34	»	18	142	»	»	»	»
Damazan.	234	179	128	78	619	9	3	240	252
Fargues.	114	50	»	15	179	»	2	60	62
Monheurt.	134	181	45	111	471	»	»	»	»
Puch.	322	152	97	81	652	»	»	20	20
Razimet.	80	60	30	36	206	4	6	20	30
Saint-Léger.	94	72	27	»	193	»	»	»	»
Saint-Léon.	86	24	7	12	129	»	»	»	»
St-Pierre-de-Buzet.	77	19	5	14	115	»	»	»	»
Totaux.	1,563	879	424	429	3,295	23	16	460	499

CANTON DE FRANCESCAS. — (Tableau n° 30)

COMMUNES.	NOMBRE D'ANIMAUX.					CONSOMMATION			
	ESPÈCE BOVINE.					DE L'ANNÉE.			
	Bœufs.	Vaches.	Taureaux.	Veaux.	TOTAL.	Bœufs.	Vaches.	Veaux.	TOTAL.
Fieux.	14	300	36	100	450	»	»	»	»
Francescas.	14	284	35	51	384	3	1	100	104
Lamontjoie.	62	282	38	119	501	2	2	160	164
Lasserre..	»	104	31	67	202	»	»	»	»
Moncrabeau.. . . .	142	890	159	215	1,406	1	17	198	216
Nomdieu.	56	294	58	200	608	2	8	100	110
Saint-Vincent.. . . .	28	312	33	120	493	»	»	»	»
TOTAUX.	316	2,466	390	872	4,044	8	28	558	594

CANTON DE HOUEILLÈS. — (Tableau nº 31.)

COMMUNES.	NOMBRE D'ANIMAUX.					CONSOMMATION			
	ESPÈCE BOVINE.					DE L'ANNÉE.			
	Bœufs.	Vaches.	Taureaux.	Veaux.	TOTAL.	Bœufs.	Vaches.	Veaux.	TOTAL.
Allons.	100	8	2	6	116	»	»	3	3
Boussés.	70	110	4	12	196	»	2	9	11
Durance.	84	156	3	60	303	»	8	50	58
Houeillés.	124	240	10	80	454	»	»	18	18
Pindères.	70	150	1	30	251	»	»	15	15
Pompogne.	30	8	»	5	43	»	»	»	»
Saumejan..	58	195	4	105	362	8	»	50	58
Totaux.	536	867	24	298	1,725	8	10	145	163

CANTON DE LAVARDAC. — (TABLEAU N° 32.)

COMMUNES.	NOMBRE D'ANIMAUX. ESPÈCE BOVINE.					CONSOMMATION DE L'ANNÉE.			
	Bœufs.	Vaches.	Taureaux.	Veaux.	TOTAL.	Bœufs.	Vaches.	Veaux.	TOTAL.
Barbaste.	80	44	»	15	139	»	»	15	15
Bruch.	106	134	1	84	325	2	4	40	46
Feuguarolles.	48	250	8	264	570	3	18	225	246
Lavardac.	99	144	44	36	323	9	»	150	159
Mongaillard.	51	77	20	37	185	»	»	»	»
Montesquieu.	277	260	159	117	813	»	»	»	»
Pompiey.	54	2	14	2	72	»	»	»	»
Saint-Laurent.	50	70	5	50	175	2	4	60	66
Thouars.	36	36	15	20	107	»	»	»	»
Vianne.	47	99	11	50	207	»	»	»	»
Xaintrailles.	116	60	»	51	227	»	»	»	»
TOTAUX.	964	1,176	277	726	3,143	16	261	490	532

CANTON DE MEZIN. — (Tableau n° 33.)

COMMUNES.	NOMBRE D'ANIMAUX.					CONSOMMATION			
	ESPÈCE BOVINE.					DE L'ANNÉE.			
	Bœufs.	Vaches.	Taureaux.	Veaux.	TOTAL.	Bœufs.	Vaches.	Veaux.	TOTAL.
Gueyze..........	114	228	25	106	473	2	8	45	55
Lannes..........	154	284	16	126	580	»	»	»	»
Lisse..........	22	31	»	20	73	»	»	»	»
Meylan..........	62	47	»	17	126	»	»	»	»
Poudenas	84	128	10	50	272	»	4	6	10
Mézin..........	166	310	74	181	731	16	»	269	285
Réaup.	148	113	»	85	346	»	»	»	»
Sainte-Maure.....	220	178	31	88	517	»	15	»	15
St-Pé-St-Simon....	152	154	46	75	427	»	10	28	38
Sos..........	104	88	»	25	217	3	12	178	193
Villeneuve-de-Mézin.	26	79	2	30	137	»	4	2	6
Totaux......	1,252	1,640	204	803	3,899	21	53	528	602

CANTON DE NÉRAC. — (Tableau nº 34.)

| COMMUNES. | NOMBRE D'ANIMAUX. | | | | | CONSOMMATION | | | |
| | ESPÈCE BOVINE. | | | | | DE L'ANNÉE. | | | |
	Bœufs.	Vaches.	Taureaux.	Veaux.	TOTAL.	Bœufs.	Vaches.	Veaux.	TOTAL.
Andiran.	128	100	24	68	320	»	»	4	4
Calignac.	62	200	30	134	426	»	»	»	»
Espiens.	110	200	40	150	500	»	»	»	»
Fréchou.	30	229	44	96	399	»	8	5	13
Moncaut.	99	193	69	60	421	»	»	60	60
Montagnac-sur-Auvignon. . . .	146	319	33	85	583	2	1	52	55
Nérac.	860	2,060	860	860	4,640	80	40	1,200	1,320
Saumon.	29	170	26	46	271	»	»	4	4
Totaux.	1,464	3,471	1,126	1,499	7,560	82	49	1,325	1,456

(4e ARRONDt.) CANTON DE CANCON. — (TABLEAU No 35.)

| COMMUNES. | NOMBRE D'ANIMAUX. | | | | | CONSOMMATION | | | |
| | ESPÈCE BOVINE. | | | | | DE L'ANNÉE. | | | |
	Bœufs.	Vaches.	Taureaux.	Veaux.	TOTAL.	Bœufs.	Vaches.	Veaux.	TOTAL.
Beaugas.	163	202	9	113	477	»	»	»	»
Boudy.	60	150	3	75	288	»	»	»	»
Cancon	150	288	15	100	553	2	12	200	214
Casseneuil.	200	225	80	41	546	6	50	275	331
Castelnaud.	148	88	13	17	266	»	4	78	82
Monbahus.	30	400	50	58	538	»	22	144	166
Mouviel.	30	12	15	30	87	»	4	4	8
Moulinet.	21	249	13	78	364	»	3	2	5
Pailioles.	90	30	6	60	186	»	»	»	»
Saint-Maurice. . . .	11	107	5	20	143	»	2	4	6
TOTAUX.	906	1,751	209	582	3,448	8	97	707	812

CANTON DE CASTILLONNES. — (Tableau n° 36.)

COMMUNES.	NOMBRE D'ANIMAUX.					CONSOMMATION			
	ESPÉCE BOVINE.					DE L'ANNÉE.			
	Bœufs.	Vaches	Taureaux.	Veaux.	TOTAL.	Bœufs.	Vaches.	Veaux.	TOTAL.
Cahuzac.	20	344	16	50	430	1	3	70	74
Castillonnès.	52	502	100	400	1,054	6	12	500	518
Cavarc.	30	100	16	95	241	»	»	»	»
Douzains.	20	180	10	80	290	»	5	5	10
Ferrensac.	20	180	6	60	266	»	»	1	1
Lalandusse.	8	160	15	45	228	»	15	6	21
Lougratte.	46	160	20	40	266	»	6	»	6
Montauriol.	18	214	15	84	331	»	3	3	6
Saint-Quentin.	32	173	21	77	303	»	»	»	»
TOTAUX.	246	2,013	219	931	3,409	7	44	585	636

CANTON DE FUMEL. — (Tableau n° 37.)

| COMMUNES. | NOMBRE D'ANIMAUX. | | | | | CONSOMMATION | | | |
| | ESPÈCE BOVINE. | | | | | DE L'ANNÉE. | | | |
	Bœufs.	Vaches	Taureaux.	Veaux.	TOTAL.	Bœufs.	Vaches.	Veaux.	TOTAL.
Blanquefort........	100	306	2	165	573	»	»	65	65
Condezaygues......	53	96	»	19	168	»	»	»	»
Cuzorn.	50	200	8	50	308	»	»	10	10
Fumel...........	66	270	18	78	432	8	60	300	368
Monsempront......	80	400	50	100	630	12	15	140	167
Saint-Front.......	36	274	32	26	368	1	4	65	70
Sauveterre........	200	230	2	52	484	2	»	60	62
Totaux......	585	1,776	112	490	2,963	23	79	640	742

CANTON DE MONCLAR. — (Tableau n° 38.)

COMMUNES.	NOMBRE D'ANIMAUX. ESPÈCE BOVINE.					CONSOMMATION DE L'ANNÉE.			
	Bœufs	Vaches.	Taureaux.	Veaux.	TOTAL.	Bœufs.	Vaches.	Veaux.	TOTAL.
Cauhel............	20	200	»	150	370	»	»	»	»
Fongrave..........	25	209	11	77	322	»	10	60	70
Hauterive.........	30	140	3	15	188	»	»	»	»
Monclar...........	60	351	37	82	530	3	30	360	393
Montastruc........	22	240	7	21	290	»	»	»	»
Saint-Étienne-de-Fougère. . .	38	205	4	98	345	»	»	»	»
Saint-Pastour.......	104	165	12	78	359	»	8	80	88
Tombebœuf........ ...	12	186	30	40	268	1	30	104	135
Tourtrès...........	4	186	7	124	321	»	»	»	»
Villebramar.	6	200	20	26	252	»	»	»	»
Totaux......	321	2,082	131	711	3,245	4	78	604	686

CANTON DE MONFLANQUIN. — (Tableau n° 39.)

| COMMUNES. | NOMBRE D'ANIMAUX. | | | | | CONSOMMATION | | | |
| | ESPÈCE BOVINE. | | | | | DE L'ANNÉE. | | | |
	Bœufs.	Vaches.	Taureaux.	Veaux.	TOTAL.	Bœufs.	Vaches.	Veaux.	TOTAL.
Gavaudun.	28	170	»	120	318	2	6	150	158
Lacapelle Biron. . . .	70	130	20	45	265	»	»	80	80
Lacaussade.	55	93	»	37	185	»	»	»	»
Laussou.	95	145	30	60	330	»	»	»	»
Monflanquin.	620	580	100	500	1,800	4	20	500	524
Monségur.	78	72	24	17	191	»	»	»	»
Montagnac-sur-Lède.	72	198	38	113	421	»	1	40	41
Paulhiac.	78	218	45	121	462	»	»	7	7
Saint-Aubin.	111	214	160	120	605	»	»	5	5
Salles.	106	190	2	110	408	»	»	»	»
Savignac.	130	73	4	60	267	»	6	4	10
Totaux.	1,443	2,083	423	1,303	5,252	6	33	786	825

CANTON DE PENNE. — (Tableau nº 40.)

| COMMUNES. | NOMBRE D'ANIMAUX. | | | | | CONSOMMATION | | | |
| | ESPÈCE BOVINE. | | | | | DE L'ANNÉE. | | | |
	Bœufs.	Vaches.	Taureaux.	Veaux.	TOTAL.	Bœufs.	Vaches.	Veaux.	TOTAL.
Auradou.	80	180	30	80	370	»	»	»	»
Dausse.	77	127	20	40	264	»	9	30	39
Frespech.	106	136	8	21	271	»	2	25	27
Hautefage.	128	269	32	52	481	»	2	50	52
Massels.	54	89	27	19	189	»	»	»	»
Massoulés.	40	105	16	105	266	»	»	»	»
Penne.	610	715	280	500	2,105	8	16	450	474
Trémons.	48	»	25	»	73	2	4	10	16
Trentels.	104	287	31	217	639	10	25	130	165
TOTAUX.	1,247	1,908	469	1,034	4,658	20	58	695	773

CANTON DE SAINTE-LIVRADE. — (Tableau n° 41.)

| COMMUNES. | NOMBRE D'ANIMAUX. | | | | | CONSOMMATION | | | |
| | ESPÈCE BOVINE. | | | | | DE L'ANNÉE. | | | |
	Bœufs.	Vaches.	Taureaux.	Veaux.	TOTAL.	Bœufs.	Vaches.	Veaux.	TOTAL.
Allés et Cazeneuve...	124	109	22	74	329	»	»	»	»
Dolmayrac.........	48	79	»	20	147	»	»	»	»
Sainte-Livrade......	680	1,002	2	80	1,764	16	26	360	402
Temple (le).........	110	293	10	55	468	»	8	55	63
Totaux......	962	1,483	34	229	2,708	16	34	415	465

CANTON DE TOURNON. — (Tableau n° 42)

| COMMUNES. | NOMBRE D'ANIMAUX. | | | | | CONSOMMATION | | | |
| | ESPÈCE BOVINE. | | | | | DE L'ANNÉE. | | | |
	Bœufs.	Vaches.	Taureaux.	Veaux.	TOTAL.	Bœufs.	Vaches.	Veaux.	TOTAL.
Montayral..	120	235	20	75	450	»	14	5	19
Saint-Vite.	50	80	15	30	175	»	»	»	»
Tournon.	2,000	1,200	200	900	4,300	20	16	253	289
Totaux.	2,170	1,515	235	1,005	4,925	20	30	258	308

CANTON DE VILLENEUVE. — (Tableau nº 43.)

| COMMUNES. | NOMBRE D'ANIMAUX. | | | | | CONSOMMATION | | | |
| | ESPÈCE BOVINE. | | | | | DE L'ANNÉE. | | | |
	Bœufs.	Vaches.	Taureaux.	Veaux.	TOTAL.	Bœufs.	Vaches.	Veaux.	TOTAL.
Lédat............	108	131	2	12	253	»	»	5	5
Pujols...........	306	76	56	45	483	»	5	25	30
Saint-Antoine......	108	123	8	47	286	2	6	120	128
Sainte-Colombe.....	164	164	25	59	412	»	»	»	»
Sembas..........	84	133	»	»	217	»	»	»	»
Villeneuve.........	750	544	6	235	1,535	38	51	610	699
Totaux......	1,520	1,171	97	398	3,186	40	62	760	862

CANTON DE VILLERÉAL. — (Tableau n° 44.)

COMMUNES.	NOMBRE D'ANIMAUX. ESPÈCE BOVINE.					CONSOMMATION DE L'ANNÉE.			
	Bœufs.	Vaches.	Taureaux.	Veaux.	TOTAL.	Bœufs.	Vaches.	Veaux.	TOTAL.
Bournel..........	13	185	7	65	270	»	»	»	»
Dévillac..........	26	165	3	15	209	»	»	»	»
Doudrac..........	6	128	17	27	178	»	»	»	»
Montaut..........	48	146	6	46	246	»	»	4	4
Naresse..........	24	200	1	59	284	»	»	»	»
Parranquet........	32	108	»	28	168	»	»	»	»
Rayet...........	26	130	15	61	232	»	»	»	»
Rives...........	26	233	6	57	322	»	»	»	»
Saint-Étienne-de-Villeréal...	14	221	2	47	284	»	»	»	»
Saint-Eutrope......	172	495	52	67	786	»	»	»	»
Saint-Martin.......	38	111	18	10	177	»	»	»	»
Tourliac.........	28	115	3	51	161	»	»	»	»
Villeréal.........	44	241	6	101	392	6	8	400	414
Totaux......	497	2,478	136	598	3,709	6	8	404	418

TABLE DES MATIÈRES.